SHAPING THE PERFECT WORK

R·A·W 格式照片处理

塑造完美作品 · 快速提升 Lightroom CC/6
图片编辑能力！

[日] 泽村彻 · 著

Writer and Photographer
Tetsu Sawamura

王娜　祁芬芬 · 译

U0245064

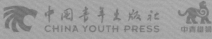
CHINA YOUTH PRESS

中青雄狮

目录

提高作品塑造力

RAW显像读本

泽村 彻 著

RAW

照片库

RAW Development Photo Gallery

01
Original

02
Lightness

03
White balance

相比技巧，基础更重要

人像照片的编辑修图难度较大，但掌握了基础后，只需最小步就能调整好。
适当调整曝光与白平衡，再微调对比度。
简单操作也可获得高质量的图像效果。
比起技巧捷径，学会照片编辑的经典知识更重要。

详见27页

Chapter. 2 掌握照片编辑的基础

调整曝光，用白平衡给照片笼上一层淡洋红色，适当柔化对比度。最后微调饱和度。只需要按顺序操作，简单编辑，便能获得良好效果。（模特：白泽美咲）

04
Contrast

After

Before

使用长焦镜头拍摄的对岸船坞。强化对比度，将天空调为深灰色。以暗色调表现造船机械所散发出的重量感与寂寥感。

表现风格根据被拍摄对象决定

仅调整画面状态，修饰色彩至明亮鲜艳即可。
但是，作品创作则另当别论。
这幅照片要表达什么？它必须给出一个明确答案。
正视照片中的拍摄对象，是找出答案的捷径。

详见73页

After / Color

After / Monochrome

Before

将一张照片加工为彩色和黑白两种形式。彩色照片透着冷清，似是诉说这对情侣的悲喜；而黑白照片上的二人则像是要逃去哪里。修图方法不同，照片的表现内容也不同。

01
Original

02
Preset

黑白更重视技巧

黑白照片以单色的不同深浅描绘世界。
朴素的世界观，多用来表现严酷场面。
不能只用亮度和对比度，
还需利用通道混合器（黑白混合）和局部调整功能，
一起来创作细腻的作品吧。

详见55页

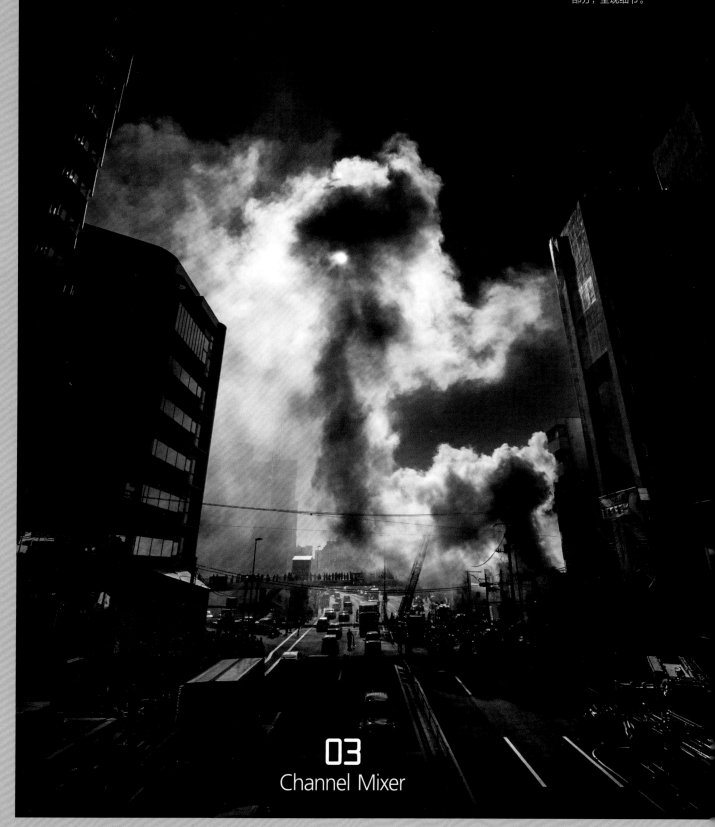

使用Lightroom预设功能让照片转化为黑白照后，使用黑白混合将天空加工为漆黑。使用局部调整（调整画笔）功能仔细调整因全黑而缺失层次的部分，呈现细节。

03
Channel Mixer

详见103页

踏 出 照 片 表 现 艺 术 的 第 一 步

图像编辑分为许多种，且每种的需求也各不相同。有的希望简单调整街拍照片即可，有的则希望创作出公认的精彩照片，还有的希望通过合成创作出商业级大片。本书主要针对用于作品创作的图像编辑方法进行说明。这里提到的作品，是指表达某种主题内容的照片。

在创作作品的过程中必需的是什么？是RAW显像技巧吗？确实，世上的编辑技巧有许多种，可以通过学习它们来拓宽表现能力。但是，无论掌握哪一种出神入化的技巧，如果不理解照片所要表现的内容的意义，那么技巧对创作依旧起不到任何贡献。若无内容依托，对照片的修图处理也只是单纯地循序而进，不过是空洞无意义的模仿。

综合以上，本书旨在通过学习RAW显像提高照片编辑基础能力。从根本上讲，RAW显像操作只需调整明亮度（亮度）与色彩两项。图像编辑软件中有曝光度、对比度、白平衡、饱和度等多个调整项。但是，说到底是亮度与色彩两要素构成了作品世界。明亮的照片看上去积极向上，黯淡的照片看上去消极沉重；鲜艳的色彩唤起现代感；褪色的色调勾起怀旧风。编辑操作中的任何一个动作都带有表现性意味，将这些意味一点点积累起来的过程就是作品创作。

本书中并没有记录出神入化的技巧。直白地说就是告诉大家如何简单地调整亮度，扎实地制作色彩。内容虽简单，但若通读全册，也能自由随心地编辑手边的照片。若本书能成为开启大家照片表现艺术大门的一把钥匙，本人将不胜荣幸。

摄影家·作家　**泽村　彻**

本书参考Adobe Photoshop Lightroom CC 2015.3（Lightroom 6.3）编写而成。

1

从 RAW 显像开始

将照片创作成作品时，图像编辑是一个绕不开的话题。图像编辑中有多种处理方法，如果刚开始学习，推荐大家从RAW显像着手。其特点是效率高，画质好，且专针对照片编辑。接下来围绕人气RAW显像软件"Adobe Photoshop Lightroom"说明RAW显像的优点及其基本操作。

拍出JPEG格式的照片就满足了吗？

Point！

JPEG格式所用色彩为厂家推荐色
利用RAW数据创作属于自己的色彩
通过RAW显像重现自己心中的画面

如今的数码相机，均配备有可经受住大型冲印考验的高像素图像传感器。无论是画质还是成像，没有人对它能拍出美丽的照片有异议。那为什么还需要RAW显像呢？

JPEG格式采用的是相机厂家的推荐色。数码相机中有各种场景拍摄模式，通过切换，可以最适合被摄对象和拍摄场景的成像效果完成拍摄。不过，这终究是相机厂家认为的良好成像效果，至于它是否是摄影者所期待的效果则另当别论。通常情况下，场景拍摄模式的成像效果中庸，尝试大胆表现时力度不够，这时就有使用RAW显像的必要性。

相机厂家也明白这一点。例如，徕卡M240的JPEG格式比一般的场景拍摄模式对比度强，它的优点

是无需编辑就能拍出令人印象深刻的照片。富士相机凭借名为"胶片模拟"的仿胶片拍摄模式，也吸引了不少摄影师选择富士相机。相机厂家一直在不断寻求大家所期望的成像效果。

如果场景拍摄效果与自己的喜好一致，则不需要再另外专门做RAW显像处理。但选择本书的诸位，肯定是不满足于它的原有成像效果的。色彩浓重、阴影全黑无层次、与时代背道而驰的怀旧感……大家一定对眼前的照片有种种想法与希求，而实现它们的方法就是RAW显像处理。

此外还经常听到"数码照片编辑无尽头"的说法。肯定地说，此种说法是杞人忧天。编辑并非没有终点，只是还未找到最终效果罢了。所谓照片编辑，是一项使

徕卡M240

RAW直接显像

JPEG格式

从RAW数据转化而来的直接显像画面中，可隐约看清阴影内部并辨认出各细节。相反，JPEG格式画面中的阴影部分几乎全黑，印象着实深刻。可以说，用JPEG格式拍摄的照片潇洒帅气，这是选择相机时的一大优点。但从传统的成像观点来看，还是希望在不破坏阴影层次的前提下，再进行其余操作处理。

画面印象不断接近自己心中所想的工作。"只要心中有想好的画面，就不难"，这是经历过照片编辑带来的挫折滋味的人都明白的道理。由眼前的照片联想出属于自己的画面，这项工作确实需要灵感。无论是谁，脑海中肯定都会浮现出那个画面。按下快门的那一瞬间心中浮现出的画面，就是它应有的样子。眼前的风景，风景所唤起的摄影者所固有的印象，将二者重合，就是摄影者

的作品。"当时，是什么感觉促使自己拍下了它呢？"，边问自己边编辑，很容易就能找出自己想要的东西。

富士相机
仿胶片模式

胶片模拟模式是拍摄模式的一种，类似胶片的效果非常受欢迎。注意看蓝天的色调与对比度的强弱，就会发现其中的不同。与一般的场景拍摄模式相比，该模式拍摄出的色调略显生涩，但胶片模拟模式的颜色辨识度非常高。不过应用这个模式，就认定照片作品颜色是自己独有的，还是有些牵强。

RAW直接显像

PROVIA/标准

VELVIA/反转

ASTIA/柔和

PRO Neg.Hi

PRO Neg.Std

RAW显像的优点

Point!

RAW显像系非破坏性编辑
可多次反复修改
由1张图片可制作多个版本

RAW显像的强大之处在于它的高画质与高自由度。RAW数据基本能完全导出图像传感器所接受到的信息，所以比起非可逆性的有损压缩格式JPEG，色调更加生动丰富。而且大部分RAW显像软件均采用非破坏性编辑，并不直接改动原始数据。亮度、对比度、色调等的编辑信息与RAW原始数据分别存储，通过导出JPEG等格式来反映其编辑内容。当然原始RAW数据保持不变。

这意味着，保留高画质的同时，可以进行多次反复编辑，而无需担心画质受损，可尝试多种编辑样式。很多RAW显像软件都具有历史记录功能，可以查找之前的操作。一份RAW图像可制作多个版本，还可尝试多种编辑方式。

关于对多个版本的管理，某些RAW显像软件本身附带管理功能，某些则没有，若附带有该功能的话，建议多加利用。对比编辑效果，制作一张照片的不同版本，都是对想像力的一种锻炼。可以灵活地与照片面对面，是RAW显像的专属特权。

使用虚拟副本功能制作多个版本

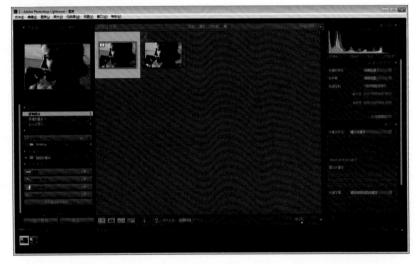

使用Lightroom的"虚拟副本"功能，可将一张照片制成多个版本。因仅对编辑信息进行虚拟式复数管理，所以原始RAW数据仅有一份。无需担心多虚拟副本造成的数据冗大问题。

使用编辑历史记录进行修改

近来的图像编辑软件中大部分都自动保存编辑历史记录。沿着历史，可以回到原先的某一修改阶段。这一功能使修改操作变得简单。

最后的不同样式

使用Lightroom的虚拟副本功能，由一张图片制作出4个编辑样式。第1张为RAW数据直接显像，随后的4张分别为编辑后样式。编辑的正确答案并非唯一，请自由发挥联想，享受编辑照片的乐趣。

RAW直接显像

摄影师选择Lightroom的理由

Point!

功能性强可满足专业需求
可进行局部调整
性能高且操作简便

　　本书的说明基于ＲＡＷ显像软件Ａｄｏｂｅ Photoshop Lightroom。为什么选Lightroom？当然其中有原因。

　　Lightroom软件原本针对不精通电脑的摄影师开发。现如今电脑虽然已成为日常性工具，但并不意味着每个人都精通。于是，一种既满足专业性要求，又操作简单的软件——Lightroom便登上了舞台。简而言之，就是性能强、操作简便。

　　可能读者中有一些人正在使用相机厂家提供的自品牌RAW显像软件。此类RAW显像软件与相机兼容性高，进行基础编辑时方便简单。但如果希望像创作作品般进一步加工，就需要诸如Lightroom等在市面上销售的具有代表性的高性能软件。特别是Lightroom有局部调整功能，可提高特定区域的亮度、对比度。以前这是一项需要在Photoshop里制作蒙版，需要专业知识才能完成的工作，而现在使用Lightroom通过画笔工具在特定区域部分简单涂抹便可完成。

Lightroom主界面

Lightroom软件面向专业摄影师开发，性能高、功能强，同时操作简便。它的优点即在于可轻松掌握各种高性能功能。

Digital Photo Professional主界面

佳能的自品牌RAW显像软件"Digital Photo Professional"，优点在于其性能与EOS系列高度兼容。简单编辑时，厂家自品牌软件也是不错的选择。

滑块设计为主，操作简单

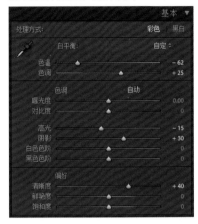

Lightroom的大部分调整项都可通过滑块进行操作。也可输入数值，微调时输入数值确定范围效率更高。另外，也可使用鼠标直接在预览上拖拽调整（目标调整）。

使用局部调整创作作品

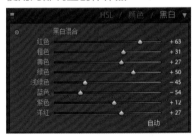

该图片使用Lightroom的局部调整（渐变滤镜）功能，呈现上蓝下红渐变状。还可通过Lightroom进行上色操作。

黑白混合的专业黑白照片　黑白照片的制作也是Lightroom的得意之处。利用黑白混合（通道混合器），可准确控制特定颜色的深浅。

使用局部调整编辑　局部调整（调整画笔）的编辑画面。红色部分是选定的蒙版部分。可对该部分进行亮度、对比度、色调等各种编辑操作。

Lightroom的界面布局法则

从
R
A
W
显
像
开
始

模块从左侧开始按顺序排列
左侧面板为预设
右侧面板为编辑项目

在说明照片编辑的具体方法之前，先行介绍Lightroom的基本操作。首先，从界面布局开始。Lightroom将其强大的功能全部模块化，可通过界面右上的工具栏选择模块。分别有"图库""修改照片""打印"等操作内容，原则上操作应由左至右逐一进行。最基本的顺序为，通过图库模块确认并选择照片，通过修改照片模块进行编辑，使用打印模块进行打印。JPEG格式的导出在图库模块进行。

各模块的界面统一。预览窗口位于中央，面板分列于其左右。基本上，右侧面板为编辑项目，左侧面板为预设。各模块的功能分布原则上均与此相同。

操作由模块左侧开始，在左侧面板上选择预设，在右侧面板进行编辑操作。记住该操作顺序，无需阅读帮助文件大体上也可进行操作。

选择模块

在界面右上工具栏中，选择任意一模块。基本操作顺序为从左侧开始依次按图库→修改照片→打印的顺序进行。

图库
确认及选择照片界面。并在此处进行照片的导入与导出。

地图
通过导入带有GPS信息的照片，自动在地图上标记照片。

打印
进行打印作业。可直接打印RAW数据，也可进行印刷色彩管理。

| 图库 | 修改照片 | 地图 | 书籍 | 幻灯片放映 | 打印 | Web |

修改照片
编辑照片。RAW显像的主修改进度界面。

幻灯片放映
制作幻灯片。完成后可导出PDF和Video格式。

Web
制作网页。可制作相册页面Web画廊。

书籍
制作画册。可从网上订购画册模块。

选择照片
保存位置

图库模块

在此导入、选择、导出照片。双击缩略
图显示预览图，点击图中任意一处显示
等倍放大像素效果。

确认EXIF等
文件信息

调整编辑项目

修改照片模块

修改照片模块是RAW显像的主要界面。
在此界面对照片进行各种调整编辑。局
部调整也在此界面进行。可通过下栏的
缩略图切换照片。

选择预设

调整编辑项目

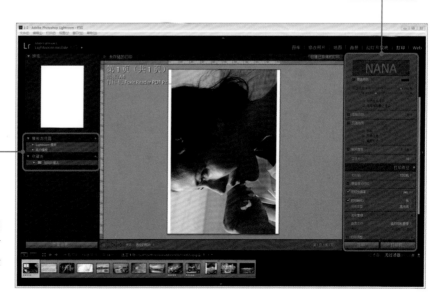

选择预设项

打印模块

设置打印界面。可设置边距大小和署名
等，针对打印所用纸张设置细节。还可
进行印刷色彩管理，后面会介绍其操作
流程。

照片的导入方法

生成新目录
以文件夹为单位导入照片
按月生成新目录

　　RAW显像软件通常有两种照片导入方式，一种是直接使用原文件夹，另一种是事先导入图片文件。Lightroom采用事先导入方式。事先生成目录文件，以文件夹为单位将图片逐一导入目录文件中。因此用Lightroom管理图片时，知道目录文件的位置非常重要。

　　目录文件是某种图片数据库。导入目录文件中的图片，可通过EXIF、关键词、星级（星标）等进行精确检索。跨越过文件夹这一障碍，可以选择出星级为5的合适图像，或从EXIF的相机信息中选出特定机型的照片。导入的图片越多，筛选越方便。

　　不过，若向目录文件中导入的照片过多，Lightroom的自身操作速度会变慢。专业摄影师多采用以项目为单位的方式建立目录文件，摄影次数较多的人可以按月，偶尔摄影的人可以以3个月为期生成新目录来管理照片。

1 生成新目录

导入照片前，生成新目录。点击菜单栏"文件→新建目录"。

2 为目录命名

显示生成文件对话框，将新建目录放入指定位置，输入文件名。以后还会生成多个目录，先定好保存位置。

3 将照片导入目录

在新建目录下重新打开Lightroom。导入照片。打开图库模块，点击界面左下的"导入"键。

4 打开需导入图片

出现需导入图片。界面左侧为文件夹工具。将其展开并点击希望导入的文件夹。

5 导入多张图片

文件夹内的图片以缩略图方式显示。在初始状态下选择全体图片，点击右下的"导入"键。

设置复制路径

6 亦可从储存卡导入

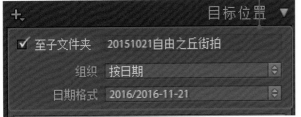

选择储存卡为导入源时，将图片复制到指定位置的文件夹后再导入Lightroom中。

7 导入时标记关键字

在"关键字"一栏中输入任意文字，便会反映在EXIF关键字中。这里输入的关键字可用于在图库中进行筛选。

8 完成向图库模块的导入

图片导入图库中后可显示导入图片的缩略图。界面左侧的"文件夹"处显示导入文件夹名，点击可显示文件夹内的图片缩略图。

掌握图片的阅览方法

Point!

双击显示整张照片
点击等倍放大像素
设置星级和色标

Lightroom是RAW显像，即图像编辑软件，同时也具有图片管理功能。它的图片管理功能中较重要的是图片阅览与筛选功能。

图片阅览和管理在图库模块中进行。在界面左侧的面板上点击任意一个已导入的文件夹，文件夹内部的图片会以缩略图形式呈网格状排列。双击各缩略图，可预览整张照片。单击预览照片的任意一处，可等倍放大该部分像素（放大）。等倍放大像素是修改照片模块里的常用操作，应熟练掌握。

在图库模块里，可对其中的图片设置星级（星标）和色标。如，满意照片为5星，一般照片为3星，在满意照片中更出色的可设置为红标，以此类推。此种分类设置有利于图片筛选。利用图库过滤器可根据星级值、色标分类，实现对图片的精确筛选。

1 显示缩略图 　双击

图库模块中的基本界面是此网格视图。文件夹内的图片以缩略图形式呈网格状排列。双击想要用大屏显示的图片。

2 双击显示整张图片

如图所示，双击缩略图可浏览图片大图。放大Lightroom窗口图片也会随之放大。

点击任意处

拖拽移动

3 点击等倍放大像素

点击预览图上任意位置，可等倍放大该处像素。在该状态下拖拽，可上下左右移动该显示区域。

４ 对比显示两张图片

点击"比较视图"

可在图库模块中对比两张图片。通过网格视图选择2张图片，点击"比较视图"。

５ 分类显示OK照片

点击"筛选视图"

希望一次性显示3张以上图片时，使用筛选视图功能。在网格视图中选择多张图片，点击"筛选视图"。

６ 设置星级

星级

色标

✓ 红色
黄色
绿色
蓝色
紫色
无

在缩略图上设置星级与色标。点击★号设置星级，点击色标图标展开菜单选择色标。

７ 通过星级筛选

点击"属性"

指定筛选条件

点击图库过滤器上的"属性"，会出现工具栏。在工具栏里点击星级和色标等筛选条件。可筛选显示出所选图片的缩略图。

照片编辑基本流程

Point!

基础是曝光度与白平衡
调整色调在调整亮度之后进行
锐化与降噪属于最后操作

初学图片编辑的人经常会感叹，不知该从何处着手。确实，Lightroom的修改照片模块有多个滑块项，"自由地编辑"时反而不知所措。首先要掌握图片编辑的两大原则。

第一个原则是调整曝光度与白平衡。只希望简单调整图片的整体状态时，仅调整曝光度与白平衡即足够。通过曝光度调整照片的明暗，通过白平衡控制照片的色彩情况。仅调整这两项就可以让照片看起来与原先截然不同，漂亮许多。

进行作品创作时，要反复做对比度、色调、降噪等处理。此时需知的原则是，编辑顺序为先亮度后色调。一旦调整曝光度和对比度等亮度相关项，色彩便会随之发生变化。也就是说，如果先调整色调后调整亮度关系，调整亮度关系后还需再重新调整色调，要做二次工作。如果能熟练掌握正确的调整顺序，即先调整亮度后调整色调，可有效提高工作效率。

1 调整亮度与白平衡

可在修改照片模块的基本调整面板上调整曝光度与白平衡（色温）。白平衡也可通过白平衡选择器自动调整。

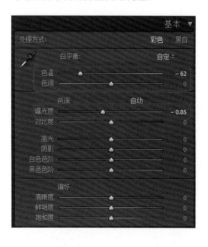

2 调整对比度

曝光度之后调整对比度。Lightroom可加强整体对比度，调整局部高光和阴影。

3 利用色调曲线调整

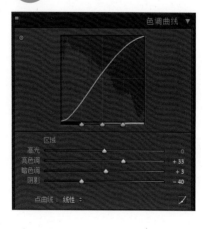

色调曲线也是调整对比度的手段之一。与滑块工具相比它更适用于微调，这可以说是它的特点之一。这项操作也需要在调整色调前完成。

4 饱和度要在调整亮度之后

完成曝光度和对比度等与亮度相关的调整后，通过饱和度调整色彩的鲜艳程度。另外，"鲜艳度"选项控制色彩的饱和，用于提高饱和度较低区域的鲜艳度。

5 进行局部调整

图片的整体调整大致完成后，通过局部调整完成细节部分。Lightroom具有调整画笔和渐变滤镜等非常好用的局部调整功能。

局部调整

6 调整锐化度与降噪

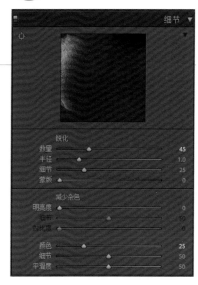

编辑工作进行至最后阶段时调整锐化度与降噪（减少杂色）。等倍放大像素，确认细节并调整。

7 完成

降低曝光度后加强对比度，再通过局部调整调整各小部分。降低饱和度制作出古朴色调效果。

Before

After

Lightroom的获得方式

近年来，电脑软件的购入方法在不断发生变化。随着互联网的普及，可选择购买盒装版或下载版。盒装版提供CD或者DVD，下载版则是从互联网上直接下载程序文件，再安装在自己的电脑上。单独发售的Lightroom，有盒装版和下载版两种。

以上这些都是大家所熟知的。不过，Lightroom还提供另外一种购买方式——订阅版。按月支付软件使用费用，即可使用软件并享用最新版本。原来，买入软件后，一旦有更新需另支付版本升级费用才可使用最新版。与之相对，订阅方式是一种按月支付授权费用的新型购买方式。

关于Lightroom，有Lightroom与Photoshop组合的摄影师版，和网罗Adobe全系列产品的完整版。推荐使用摄影师版，月付57.6元（不含税），价位适中。最重要的是，以这个价位就可以使用专业图像编辑软件Photoshop。以前对于个人而言，它是一款昂贵的软件，而现在的摄影师版的性价比则非常卓越。

Adobe公司主页

订阅版的摄影师版可从Adobe公司的主页http://www.adobe.com/cn/上直接购买。采用的是下载版模式，购买后即可使用。

Lightroom的全新购买方式

■**订阅版**
摄影师版（Lightroom与Photoshop组合套装）每月57.6元（不含税）
完整版（全系列）每月292.7元（不含税）

■**单独发售**
单独发售价格1015.7元（不含税）
下载版/可从adobe.com购买
盒装版/Amazon、Yodobashi Camera、其他

2

掌 握 照 片 编 辑 的 基 础

所谓照片编辑，简单说就是调整亮度与色彩。Lightroom具有多种控制亮度与色彩的功能，运用自如便可使照片接近自己心中所想的样子。正因Lightroom是一款多功能RAW显像软件，所以初学者恍若被突然放逐在大海上一样，使用起来可能会稍感不安。但是担心无益。就像英语有5个基本句型一样，照片编辑也有基本原理。下面我们就来学习基本原理，夯实照片编辑的基础吧！

基本调整只靠亮度与白平衡即可

Point!
通过亮度与白平衡进行简单调整
上调曝光度提高整体亮度
通过白平衡修正色彩

打开Lightroom的修改照片模块，右侧面板上排列有多个调整选项。让初学者一口气全部掌握恐怕有些难度。作为图片编辑的第一步，先掌握公认的漂亮照片的修图方法吧。

重点是亮度与白平衡。仅调整这两项照片就能焕然一新。首先，通过"曝光度"滑块调整亮度。调整应控制在高光不过白，阴影不过黑的范围内。一般将较暗照片调亮能达到不错的效果。调整根据原图具体情况而

定，一般调整幅度为±1.0左右。

利用白平衡功能调整图片的色彩情况。使用该功能拯救色彩黯淡的照片，重现被拍摄对象的原本色彩。

也许有人认为亮度与白平衡过于初级，但通过适当地调整这两项，仅此两项便能使很多照片达到完美平衡。这是一个不新奇，却很王道的调整技巧。

上调曝光度提高亮度

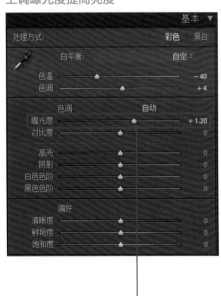

调整图片亮度

通过"曝光度"调整照片的亮度。向右移动滑块提高亮度，向左移动降低亮度。与暗沉照片相比，明亮照片更悦目。同时微调多张图片时，上调曝光度提高亮度。

通过白平衡修正色彩

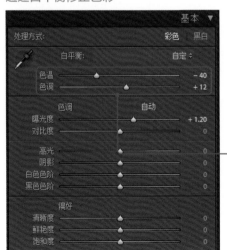

修正色彩

白平衡中"色温"调整蓝与黄，"色调"调整绿与洋红（紫红）。例如，黄色较重时，将"色温"向蓝色一方移动，则蓝色加深与黄色相抵。

仅凭曝光度与白平衡，
就能使照片发生戏剧性转变

将该略微显暗的照片的曝光度调整为
+1.2，提高亮度。在白平衡"色调"中增
加洋红色，修正原本偏绿的色调。另在
"色温"中加少许蓝，制作冷色调效果。

After

Before

运用白平衡要牢记颜色的相爱相杀

Point!

用互补色减轻偏色
互补色是正相对的颜色
用白平衡选择器自动调整

白平衡这一功能的作用是使白色部分显得白。通过修正图像整体的偏色问题，就能使白色显示为正常白色，这是调整白平衡的主要目的。

那么，如何修正偏色问题？通过互补色使颜色抵消。互补色是指正相对的颜色。请看下面的色环。处于对角线位置的颜色互为补色，也就是正相对的颜色。加深互为补色的颜色，两色相互抵消最终变为白色。照片编辑中蓝色与黄色、绿色与洋红（紫红）色的关系尤其重要。蓝色与黄色对应"色温"滑块，绿色与洋红色对应"色调"滑块。将其向所偏色的相反侧移动，通过颜色抵消来修正偏色问题。

例如，室内光源为白炽灯泡时，照片整体偏黄。黄色的互补色为蓝色，这时在"色温"滑块处将滑块向蓝色一方移动，抵消黄色。此种通过互补色来对冲颜色的方法是众多色彩修正技巧中极其重要的一个。准备多个类型的照片来练习互补色技巧，直到自己满意为止。

通过互补色使颜色抵消

色环中处于对角线位置的颜色互为补色。蓝与黄，绿与洋红互为补色。在某个颜色中，增强其互补色，则最终会变白。首先大家要理解这个关系。

白平衡滑块位处互补色关系

"色温"滑块中蓝与黄，"色调"滑块中绿与洋红分列两端。向偏色的互补色一方移动，抵消偏色。

从预设中选择

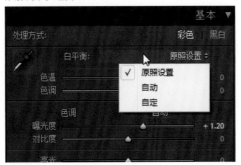

点击"白平衡"出现菜单，可选择白平衡预设。也可根据拍摄时光源情况选择预设项目，再通过滑块微调。

1 点击白平衡选择器

点击

Lightroom可通过白平衡选择器调整白平衡。如若感觉用滑块调整较困难，可尝试用白平衡选择器进行自动调整。首先，点击吸管图标。

2 点击白和中性灰

点击

鼠标指针变为笔状时，点击画面中原有的白色部分，或者中性灰部分。鼠标指针处的颜色被放大显示，可以在精确了解笔尖颜色的同时，选择目标区域。

3 自动调整白平衡

单击一下，白平衡数值就会自动调整。如果对色调不满意的话，可多次点击，直至满意为止。

After

Before

单击就能使之变为中性色调
拍摄的白炽灯台灯，整体偏琥珀色。用白平衡选择器点击背景墙壁，调整白平衡使之成为中性色。注重表现氛围时，也可以保留稍许黄色。

用白平衡营造氛围

Point!

营造照片氛围
用暖色调表现怀旧
用冷色调表现都市印象

　　白平衡虽以"还原标准白色"为第一要义，但从表现技巧上来看，也可制作偏色效果。最鲜明的例子是暖色调与冷色调。

　　将"色温"滑块向右移动，图像整体趋向暖色，此即暖色调。相反将滑块向左移动颜色变冷，此为冷色调。通过"色温"滑块即可制作冷色调和暖色调。

　　那么，如何使用暖色调与冷色调？通过白平衡营造照片的氛围，稍作考虑便会明白，需要给照片加上符合其内容和表现意图的色调。暖色调照片，温暖、柔和，

给人以怀旧感。冷色调照片，酷帅、冷峻，充满紧张感。联想偏色的此种情况，应该能理解白平衡为何能营造照片氛围了。通过白平衡可以赋予照片人的情感、过去未来、空间感等意义。巧用善用白平衡，能够有效增强照片的表现力。

暖色调范例

原图通透干净，略偏冷色调。将"色温"滑块向黄色方向移动，营造出暖色调。通过这一改动，表现出乡下渔港的孤寂与时间的停滞。

向黄色方移动

Before

After

After

Before

冷色调范例

雨后拍摄的竹林石阶。将"色温"滑块
向蓝色方向移动，加强蓝色。通过冷色
调象征性地表现出雨后清新的空气和伫
立竹林的空灵。

白平衡:　　　　　　自定 ‡
色温　　　　　　　　　　－ 60
色调　　　　　　　　　　　＋ 41

向蓝色方移动

处理方式:　　　　彩色　黑白
白平衡:　　　　　　自定 ‡
色温　　　　　　　　　　－ 40
色调　　　　　　　　　　　＋ 41

**通过白平衡
赋予图像的意义**

联想到情感、时间、氛围

暖色调（暖色）

温暖、过去、怀旧、
柔和、混浊

冷色调（冷色）

冷淡、未来、紧张、
严肃、透明

通过对比度表现视觉冲击力

Point! 通过对比度控制照片印象
提高对比度赋予照片力量
色调曲线可进行直观操作

对比度是指明暗差距。提高（增强）对比度，则明暗差距加大；降低（减弱）对比度，则明暗差距减小。如此解释画面变化，相信大家就知道了。但最关键的是，要利用对比度来表现什么。

能通过对比度表现的一个代表性例子，就是视觉冲击力。希望制作出有超强力度的照片效果时，就提高对比度。观看照片的人会被照片的冲击力所吸引，一下子进入照片的世界中。摄影展上的主要作品适合用高对比度照片。相反，希望弱化印象时，则降低对比度。印象

柔和的照片虽欠缺吸引力，但胜在耐看，长时间欣赏亦不会生厌。装饰性照片适合用低对比度、不易生厌的表现形式。

实际操作时，有滑块和色调曲线两个界面可以选择。希望操作简单效果良好可选用滑块，其中高光和阴影也可以分别使用滑块调整。希望进行细节调整就选用色调曲线，可进行直观调整，初学者亦能轻松掌握。

Before

After

利用滑块调整的范例
将"对比度"滑块设置为+50增强印象。加重阴影区域，提高立体感。增强对比度时，容易发生高光过白和阴影过黑的情况，需注意勿调整过度。

通过滑块调整

整体对比度通过"对比度"调整。通过"高光""阴影"可以对明亮部分与黑暗部分分别进行调整。为了避免高光过白和阴影过黑，可调整"白色色阶"和"黑色色阶"。

通过色调曲线调整的范例

使用色调曲线调整为高对比度。提亮围裙白色部分，降低墙壁上灰色的较亮部分，加重阴影部分。与滑块相比，色调曲线的调整更加清晰可见，容易达成期望效果。

向上拖拽

点击

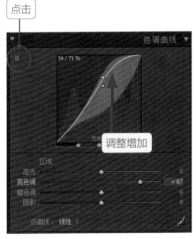

提亮白色围裙部分

点击对比度的目标调整按钮。在预览图上将围裙的较亮部分点击并向上拖拽，可使高光部分更明亮。

点击

向下拖拽

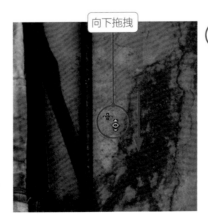

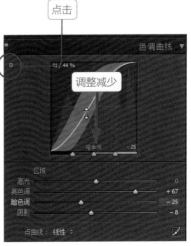

降低墙壁灰色亮度

同样点击目标调整按钮，向下拖拽墙壁灰色部分，可使阴影部分更暗。利用色调曲线可在预览图上拖拽完成精细操作。

了解亮度与对比度的不同

Point! 对比度即视觉冲击力
亮度表现积极与消极
重视照片本身的含义

亮度（在Lightroom中为曝光度）与对比度是一对相似却不同的概念。降低曝光度，整体氛围偏酷。增强对比度，加重阴影部分亦显酷帅。因为二者都是与明亮度相关的调整项目，所以在影响图像变化上有相似之处，但也有着根本的不同。曝光度和对比度必须明确地区别开来使用。

先谨记，"对比度即视觉冲击力"。那么，曝光度（照片的亮度）是什么呢？简言之，是一项区别积极与消极的功能。高亮色调的照片光亮明朗，给人以积极印象。暗沉色调的照片昏暗阴沉，给人以消极印象。善恶、正负、美丑等相对概念，都可通过照片亮度不同分别表现。

如此一来，大家应该就能明白曝光度与对比度的意义不同了。希望照片表现轻盈印象时，是选择增强曝光度提高亮度，还是降低对比度柔化印象，取决于照片本身所具有的含义。因为照片所要表现的内容，是与调整项目密切相关的。

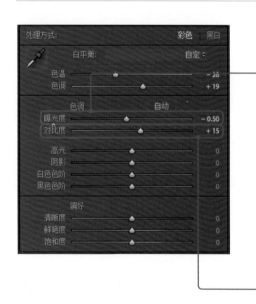

曝光度

简单调整照片亮度功能。将滑块向左右移动，图像将变亮或者变暗。

对比度

调整明亮部分与阴暗部分的差距。注意它是明暗比，不是单纯的亮度。曝光度只调整亮度，而对比度能很大程度上改变印象的深浅。

曝光度在照片中表现的含义

高色调

积极、明朗、正义、繁荣

●

低色调

消极、阴沉、邪恶、衰落

对比度在照片中表现的含义

高对比度

有气势、印象深、易生厌

●

低对比度

沉稳、印象浅、耐看

曝光度调整范例

昏暗环境中，一盏不太亮的电灯，为了表现出这个氛围，我们调整了曝光度。将曝光度调低，则重现了昏暗中静静的一盏灯的印象。如果提高对比度的话，明暗节奏感太强，有损那静谧稳重的气氛。

对比度调整范例

夕阳西下的时刻，从飞机的窗口拍摄的云海照片。受穿透玻璃的影响，色调缺乏张力，是一幅比较平淡的图片。将对比度果断提高到+80，透出斜阳照射的时间感，变成了一幅阴影力度强的作品。

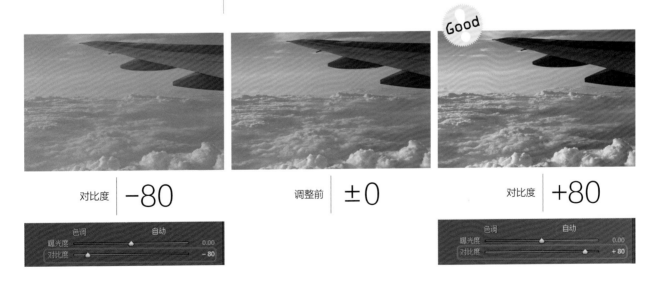

"先调亮度后调色彩"是铁则

Point!

亮度相关的调整会影响颜色显色
增强对比度会令色彩加深
调整好明亮度之后再调整色彩

　　照片的色彩调整中，最具代表性的是提高和降低饱和度。提高饱和度颜色变鲜艳，降低饱和度颜色变朴素。对于饱和度的调整虽能明显看出来，但还要注意它的表现意义。提高饱和度后，色彩较鲜艳照片具有现代感。降低饱和度的照片，有着朴素的怀旧味道。向鲜艳一侧调整时，颜色越饱和人工痕迹越明显（颜色过鲜艳导致色调失真状态），稍降饱和度可增加真实感。表现时代感与现实感是饱和度擅长的技巧。

　　不过一定要记得，色彩调整，不仅限于饱和度，一定要在调整完曝光度和对比度等明亮度（亮度）相关的项目之后进行。曝光度改变颜色深浅，对比度影响颜色鲜艳程度。所以，如果在调整色彩之后再设置明亮度相关的项目，会导致已调好的颜色再次发生变化。

　　下列照片是改变曝光度与对比度的范例。希望大家不要只把注意力放在亮度上，还要注意色调变化。调整色彩要在调整明亮度之后。记住这一铁则，照片编辑将更有效率。

两种饱和度的调整

通过"饱和度"滑块调整图像整体的颜色鲜艳度，这是基本的色调调整。"鲜艳度"也属于调整饱和度的功能，主要提高饱和度较低的部分，同时能抑制高饱和度的颜色过于饱和。该功能的作用虽较难理解，但如果将它用于人物摄影，能恰到好处地控制肤色，突出其他颜色。针对人像摄影的饱和度调整，记住这一点就比较容易理解了。

曝光度导致的颜色变化

提高图像亮度颜色会变淡，反之降低图像亮度颜色会加深。因此原本高色调的图像，再提高曝光度颜色会过于浅淡，从而有必要补充鲜艳度。

曝光度 −1　　曝光度 ±0　　曝光度 +1

对比度导致的颜色变化

增强对比度色彩变鲜艳，降低对比度色彩显黯淡。将图片调整为高对比度时，有色彩过于饱和的风险，因此要根据需要，降低饱和度取得平衡效果。

对比度 −60　　对比度 ±0　　对比度 +60

提高对比度之后调整饱和度

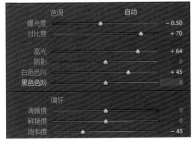

提高整体对比度，再用"高光"强调明亮部分。这时看玫瑰花，发现粉色容易出现过于饱和的现象。降低饱和度抑制颜色过饱和，营造别致氛围。

3 调整饱和度（完成）

1 调整前

2 调整对比度

了解色彩三要素HSL

Point!

精确调整特定颜色
了解色相、饱和度、明亮度的区别
了解明亮度能扩展色彩表现力

希望红色更鲜艳，绿色更沉稳——偶尔我们会出现这种需要精确调整色调的情况，这时需通过HSL操作完成。

HSL将颜色分为8个系统，可分别通过色相（Hue）、饱和度（Saturation）和明亮度（Lightness）单独调整。首先来了解一下色相、饱和度和明亮度的区别。色相指色调、色偏；饱和度比较容易理解，指颜色的鲜艳程度；明亮度指颜色的亮度。尚不熟悉图像编辑时，不易理解明亮度的含义。色彩有亮度一

说，与色深之间关系密切，明白这一点色彩制作便轻松许多。

那么，通过HSL调整时，调整哪个颜色好呢？想要调整的部分，到底是红色还是橙色？要真正分清这一点确实有些难度，但无需担心。HSL与色调曲线一样，设置有目标调整。在预览图上任意一处上下拖拽，该色的对应滑块就会发生移动。不知道目标颜色的名称也没关系，只需在该处进行拖拽便能精确定位颜色进行调整。

可对色彩细节进行调整

调整前

降低整体饱和度

通过HSL进行调整

原图中背景的绿、救生圈的红都非常鲜艳，想令颜色显得更加平和稳重。通过"饱和度"滑块下调饱和度时，绿色色调良好，但红色又褪色严重。所以，使用HSL来修正红色。在色相中，令朱红色接近大红，同时降低明亮度以增加厚重感。再适当下调饱和度，则完成了朴素但比较沉稳的红色印象。

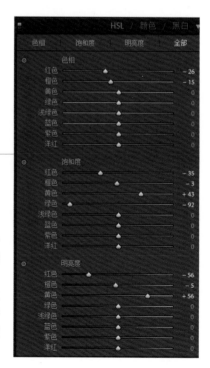

通过HSL调整个别颜色
HSL可针对8个系统的颜色分别调整色相、饱和度和明亮度。并设置有目标调整按钮，操作简单。点击目标调整按钮后，在预览图上任意一处进行上下拖拽，由此来控制特定颜色的色相、饱和度与明亮度。

色相偏黄

调整前

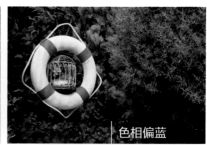

色相偏蓝

色相

绿色分为偏黄色的绿和偏蓝色的绿。这种偏差就是色相，具有决定颜色方向性的功能。

降低绿色的饱和度

调整前

提高绿色的饱和度

饱和度

可控制某特定颜色的鲜艳程度。饱和度设为零，该色域就会黑白化。利用此功能，可令红色之外的所有颜色黑白化。

降低绿色的明亮度

调整前

提高绿色的明亮度

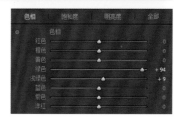

明亮度

颜色明亮度也叫亮度，指颜色明亮效果，是控制颜色轻重时不可或缺的功能。熟练掌握明亮度是调整颜色的关键。

使用HSL明亮度功能调整颜色

Point !

明亮度表示颜色亮度
通过明亮度表现轻重
饱和度和明亮度需配合使用

进入HSL实战前，希望大家一定熟练掌握明亮度的使用方法。明亮度虽表示颜色亮度，但与色相和饱和度相比，它的效果很难以肉眼观察到。色相调整时，可以肉眼观察到色深变化，所以容易把握。饱和度可以控制色彩鲜艳或朴素的变化，是色彩调整中的主要项目。但大多数人对于明亮度中的色彩明暗难以有敏锐的把握。

接下来，我们尝试通过感受颜色轻重，来体会明亮度的变化。要感受颜色调整的轻重，还是配合照片内容来调整比较容易。例如，早春时的油菜花照片，提高花的黄色与叶子的绿色的明亮度，就能显得轻快。因此，与其说颜色的明暗，颜色的轻盈或浓重这一说法更合适一些。

要讲究明亮度的另一个原因，是通过与饱和度配合使用，可以表现出复杂的色彩。例如，朴素但有存在感的颜色（下调饱和度与明亮度）、刺眼的鲜艳颜色（上调饱和度与明亮度）等，这些颜色仅凭饱和度一项是难以实现的。在表现自己专属的艺术世界时，此样色彩制作是不可或缺的。

① 胡同内街拍的色彩制作

胡同里的旧广告牌和生锈的铁罐子。橙色与亮黄色的广告牌、绿色的铁罐子是色调的重要部分。

② 提高整体饱和度

通过"饱和度"滑块提高整体饱和度。提高饱和度后色彩显出童趣味道，无凝滞感，但单纯的褪色并非艺术，还需要再进行必要的色彩调整。

点击

③ 点击目标调整

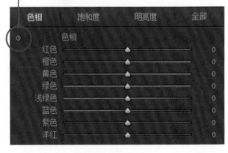

色相	饱和度	明亮度	全部

色相

红色	0
橙色	0
黄色	0
绿色	0
浅绿色	0
蓝色	0
紫色	0
洋红	0

使用明亮度，调整颜色的存在感。打开HSL的明亮度，点击目标调整按钮。

4 在任意色上，
上下拖拽

鼠标指针形状发生变化后，在已褪色了的橙色木板上，向下拖拽鼠标指针。将鼠标转移到绿色的铁罐子上，再向上拖拽。

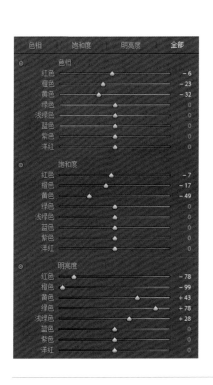

上下拖拽

5 通过明亮度控制颜色轻重

目标调整过后，HSL明亮度设置显示如图。红色与橙色变暗，绿色与黄色变亮。随后再进一步微调。

6 完成色彩制作

调整好明亮度后，通过目标调整按钮，完成饱和度与色相调整。加重从红色到橙色范围内的暖色调，提亮绿色铁罐子。大多数人编辑胡同街拍图片时，都采用褪色处理，实际上适当加深色彩也会有意外出现，效果很有趣。此时，明亮度对调整颜色轻重起着很大作用。

利用清晰度强调细节

Point!

向正值方向调整能强调细节
向负值方向调整则可获得柔焦
微调营造氛围时，适宜±20～30数值

Lightroom中有名为清晰度的功能，通常也叫局部对比度。普通的对比度控制图像整体的明暗比。而局部对比度主要调整轮廓部分的明暗比。简单地说，提高清晰度，则边缘部分会变得明显。反之，降低清晰度，轮廓部分的对比度会降低，显出柔焦效果。

在这里要提醒大家，清晰度类似于麻醉剂。加强清晰度，强调细节，能让观者感受到气势；而降低清晰度会有柔焦效果，可媲美柔焦镜头的拍摄效果。无论照片的优点还是缺点，调整清晰度都会使其放大。刚接触清

晰度时，容易让人觉得它很有趣，任何照片都采用清晰度调整，最终导致调整过度。当然，通过它也确实可以做出好效果，但内行的人一眼就能看出来，这是通过调整清晰度来实现的。也就是说，清晰度的调整效果不错，但容易暴露调整痕迹。调整时推荐使用±20～30数值，处理效果自然，不易留痕迹。

对比度与清晰度的不同

调整前

对比度 +60

清晰度 +80

我们来看一看普通对比度与清晰度（局部对比度）的不同。上调"对比度"的照片，强调画面整体的明部与暗部，而调整清晰度的照片，强调细节部分，类似于HDR效果。

通过调整清晰度强调细节
通过"清晰度"滑块调整局部对比度。想要调整痕迹不明显时，调整范围应设在±20～30之间。务必注意，过度使用清晰度时，照片的数码印象就会比较重。

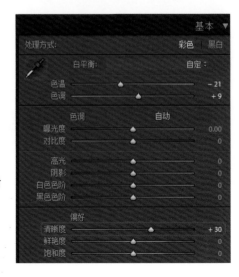

清晰度 | −50

向负值方向调整，具有柔焦效果

将滑块越推向负值方向，轮廓部分就越朦胧，显现出柔焦风格。虽然此处设置为朦胧感强的−50，但女性人像照通常默认为−20左右。

清晰度使用范例

| 调整前

模特：Ray

向正值方向调整，强调细节

在人像照片中，将清晰度滑块向正值方向移动会出现戏剧化的效果。因为这样会沿轮廓出现些许阴影，所以能表现出戏剧化的夸张效果。在男性人像照片中，可以适当多运用清晰度正向调整手法。

清晰度 | +50

运用暗角功能制作戏剧化效果

Point!

调整四周光线量
使四周变暗，突出中央
注意暗角效果要自然

用广角镜头拍摄时，照片四角的光线略显暗沉。这种情况称之为周边光量降低，是一种消极意义的表现方式。原来人们认为各个角落都捕捉到明亮光线才是好的，但近年来，这种名为隧道效果的表现方式却变成了照片艺术的一种流行偏好。四角光线暗，突显中央部分的被摄对象，是当下较新奇的表现方式。

Lightroom中有两个调整周边光量的功能。一个是"镜头校正"的"镜头暗角"。因为这一功能是在照片原尺寸的基础上调整周边光量的，所以如果裁剪边缘的

话，调整过的周边部分可能会被剪掉。另一个是"裁剪后暗角"。该功能对裁剪后的照片四角有很好的调整效果，还可进行更细致的调整。推荐大家使用"裁剪后暗角"调整周边光量。

虽然现在流行调暗照片四角处光线，但调整过度会使照片丧失意趣，还好可通过"裁剪后暗角"进行微调，试着模拟出用光学性能导致的暗角效果吧。

降低四周亮度的隧道效果

Before → After

拍摄时使用F5.6，因此原图整体较明亮，效果普通。利用暗角操作，突出描有号码的卷闸门。平缓柔和地降低四周光线，使之协调，上调"高光"突显右上的白色油漆痕迹。

风格		
高光优先	——	减轻高光过白。适用于含明亮部分的照片。
颜色优先	——	将照片中阴暗部分的色彩变化控制在最小范围内。
绘画叠加	——	对裁剪后的照片，单纯地增加黑色或白色像素。

裁剪后暗角

样式		颜色优先 ÷
❶ 数量		−55
❷ 中点		30
❸ 圆度		+23
❹ 羽化		76
❺ 高光		62

❶ **数量** 向正值方向调整，四周变明亮，向负值方向调整，四周变昏暗。

❷ **中点** 提高数值中央部分直径加大，光量调整未涉及的中间部分变大。

❸ **圆度** 向正值方向调整，则暗角调整后的部分接近圆形，向负值方向调整，则接近方形。

❹ **羽化** 加大数值，区域边界的模糊感增强。

❺ **高光** 调暗四周时，提高该数值能保持高光部分的亮度。

数量	该滑块控制周边光量的亮度。向负值方向调整周边变暗，向正值方向调整周边变亮。降低周边光量时，将滑块向负值方向移动。	 数量 |−100　　　 数量 |+100
中点	中点是指光量调整未涉及的中间部分。周边调暗时，将中点的值设小则昏暗部分加大。相反，将中点的值设大则昏暗部分变小。	 中点 |0　　　 中点 |+90
圆度	该滑块控制光量调整的形状。数值越大形状越圆，数值越小形状越接近方形。可根据照片内容选择调整形状。	 圆度 |−80　　　 圆度 |+80
羽化	对调整光量的周边部分和未调整的中间部分的连接部线条进行调整。调小数值则连接部线条清晰，调大数值则模糊。该调整项目是决定连接部线条是否自然的关键。	 羽化 |0　　　 羽化 |100
高光	调暗周边光量后，周边部分会统一变暗，加大该滑块数值，周边部的高光部分会变亮。右上的白色油漆痕迹会变明显。	 高光 |0　　　 高光 |100

降噪与锐化是此消彼长的关系

Point!

加强锐化噪点增加
等倍放大像素进行检查
检查有无色彩噪点

近来的数码相机高感光度摄影功能越发强大，高感光度拍摄时的噪点控制已做得很好。但将照片放大打印时，仍然需要进一步降低噪点，以保证高品质画质。

降噪与锐化操作在调整完成后进行。这两项基本不会对色调与亮度产生影响，可在最后的编辑阶段进行。操作时同时调整降噪与锐化。去除噪点则锐化变弱，加强锐化则噪点增加，降噪与锐化处于此消彼长的关系。可以通过等倍放大像素确认噪点的形状和细节部的锐化度，调整其至最佳分辨率。

按类别进行降噪处理更有效率。噪点大致分为亮度噪点和色彩噪点。亮度噪点可作为胶片颗粒（胶片的颗粒状）的替代品带来特殊效果，色彩噪点则是出现了原本不该出现的颜色，影响相当大。因此Lightroom在初期状态就有减少照片色彩噪点的设置。但换个角度看，色彩噪点也并非全无可取之处，因此主要以亮度噪点为中心进行调整。

---

① 降噪与锐化的权衡

提高"锐化"的"数量"，轮廓变清晰。通过"减少杂质"的"明亮度"可去除亮度噪点，"颜色"可去除色彩噪点。提高锐化则噪点增加，因此处理调整时需要权衡锐化与降噪的相互影响。

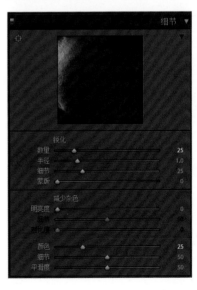

② 点击目标图标

在等倍放大预览图上进行降噪与锐化操作，效率更高。首先点击"细节"面板上的按钮。

点击

④ 看着等倍像素图进行调整

"细节"面板预览窗口内会显示出刚才点击部分的等倍像素图，可一边确认噪点和锐化的具体情况一边操作。

③ 点击任意一处

鼠标指针的形状会发生变化，点击预览图上任意一处。该处则被显示于"细节"面板的预览窗口内。

Before

After

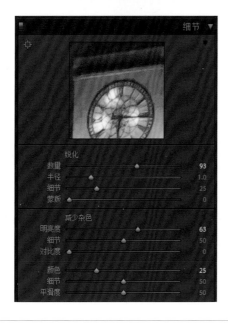

去除亮度噪点

用ISO 1600拍摄的照片。整幅显示时，几乎难以发现问题，但调整之前的图像确实亮度噪点明显以及锐化不足。上调"锐化"的"数量"，使轮廓清晰，通过"减少杂色"的"明亮度"降低亮度噪点。进行降噪与锐化操作时，要反复进行微调，避免调整过度。

新手才更需要裁剪！

Point !

裁剪相当于放弃拍摄的视角
构图美应位于第一位
通过裁剪练习构图

Lightroom配置有裁剪功能。裁剪方式自由，可拖拽鼠标简单调节裁剪框大小，通过长宽比改变照片为竖版或横版，当然还有针对倾斜扭曲的调整功能。但一般摄影教室会告诉大家不要裁剪，那么裁剪到底是否可行呢？

从最终结论而言，应尽量避免裁剪。这是因为裁剪意味着舍弃镜头的原本视角。一旦裁剪，摄影者苦心追求的视角便消失了。即使拍摄对象是同一物体，广角和中长焦镜头拍出的照片的意义也不同。因此，无裁剪编辑是最理想的。

但我想说，新手应该进行裁剪操作，因为裁剪即追求最佳构图的过程，应反复裁剪，直至找到专属自己的最好构图为止。当然，理想的还是无裁剪便使构图达到最佳，但如果要问视角与构图谁优先，答案当然是构图。

裁剪的操作顺序

点击

1 点击"裁剪叠加"

在修改照片模块中，打开希望裁剪的照片，点击工具栏中的"裁剪叠加"就会出现裁剪面板。

3 选择长宽比

点击"长宽比"显示菜单，选择裁剪框的长宽比。有2×3、4×3、1×1、16×9等代表性常用值，也可输入数值自定义长宽比。

2 调整裁剪框

预览图上出现裁剪框。拖拽裁剪框边框，调整大小。拖拽四角可更改横版或竖版。

拖拽

4 解锁长宽比

希望自由裁剪时，先点击"长宽比"右侧图标解除长宽比锁定，即可自由拖拽调整长宽比进行裁剪。

点击

Before

After

水平矫正操作

5 点击角度工具

Lightroom具有水平自动矫正功能。显示"裁剪"面板，点击"角度"图标。鼠标指针变换为比例尺状。

在废弃的小屋前发现一只猫，按下快门。因为是瞬间街拍，周边略显冗长，猫与窗户等的位置也显草率。根据构图剪裁的三分法，裁剪成合适比例的构图。

6 拖拽直线

用比例尺状鼠标指针拖拽预览图上想使之变水平或垂直的线。通过对倾斜线的修正，画面倾斜得以修正。

沿直线拖拽

7 利用Upright自动校正平衡水平

单击便可以修正所有水平／垂直的水平校正功能。打开"镜头校正"面板中的"基本"项，点击Upright的"自动"。可一键校正所有倾斜。

点击

导出JPEG格式图片

Point! 设置高清画质，导出JPEG图片
用于社交软件时，重新定义大小后导出
将导出设置记入预设中

RAW格式是种特殊格式，而且各相机厂家的RAW格式也各不相同。它甚至无法用OS标准功能进行浏览，更不用说印刷了。必须在安装诸如Lightroom之类的RAW显像软件之后才能打开RAW格式文件并处理。

如果只是自己浏览，不改动也无妨，但若要上传至网络或发送给朋友，RAW格式处理起来就比较麻烦了。所以需要将修改好的RAW图像数据转换为JPEG或TIFF等通用性较强的图像格式，一般常导出为JPEG格式，此种导出操作被称之为显像。

导出为JPEG格式时，选用压缩率最小的最高画质，画面分辨率基本保持原有数值。不过，向微信和微博等社交软件、网站上传照片时，需先降低分辨率再导出。此时一般将边长设置为850～1000点左右。Lightroom可将导出设置保存在预设里，可保存为原始尺寸、社交软件用等多种预设类型，之后再使用时就会非常方便。

1 选择需导出照片　首先，在图库中选择所有想处理的照片。为照片设置过星级和色标的话，可利用图库过滤器的精确筛选，操作更快捷。

3 选择预设　显示导出界面。首先点击"Ligthroom预设"→"刻录全尺寸JPEG"，在此基础上自定义各项设置。

2 点击"导出"　在图库模块中选择缩略图后，点击画面左下的"导出"。

4 变更硬盘　在"导出到"处指定生成的JPEG图片的保存路径。在这里我们选择"硬盘"。

5 存储到子文件夹

设置"导出"

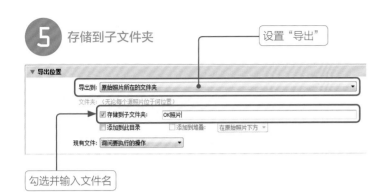

勾选并输入文件名

在"导出到"处指定输出文件夹。设置"导出到"为"原始照片所在的文件夹",勾选"存储到子文件夹"并输入文件夹名称。这样就会在原文件夹下创建一个新文件夹,用于保存JPEG格式的图片。

8 保存设置

点击

将这部分的设置内容保存到预设中。点击导出界面左下的"添加"按钮即可。

6 更改文件名

选择"自定名称-原始文件编号"

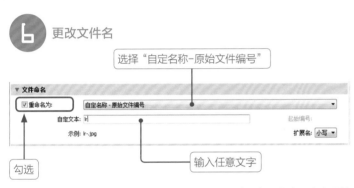

勾选

输入任意文字

重命名可以将导出的JPEG文件名与初始文件区别开来,以防不小心覆盖原文件。选择"自定名称-原始文件编号",在"自定文本"中输入任意文字。除此之外Lightroom还给出了多种起名方式模版。

9 输入预设名称

输入任意名称

选择"用户预设"

在"预设名称"内输入任意名称。"文件夹"选择"用户预设"。

7 设置画质

将"品质"定为最高值"100"

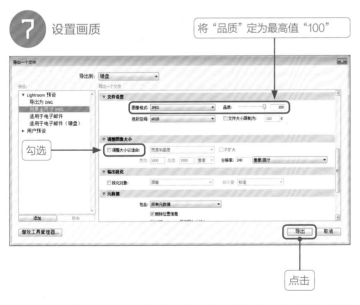

勾选

点击

将"图像格式"设为"JPEG","品质"设为最高值"100"。重新定义尺寸大小时,需勾选"调整大小以适合",并输入具体值。如按原始尺寸输出则不勾选此项。点击"导出",开始导出处理。

10 完成预设保存

按目的分类保存新预设

可从"预设"中选择保存好的预设。可以相同方法,保存重新定义后导出的社交软件用图的预设。

熟悉图像编辑后，可尝试将一张照片制作成多个版本。简单地说，可以编辑色彩，也可以尝试照片黑白化。Lightroom具有管理多个版本的功能。

虚拟副本即虚拟复制RAW数据，在各个复制品上可进行不同调整。虚拟副本可制成多张，并不对RAW数据进行实质复制，因此不浪费硬盘空间，是将一张照片制成多个版本的方便好用的功能。

快照功能也非常实用。在修改照片模块中用于记录编辑中的设置。例如，编辑完一遍后进行快照，之后为了打印再微调后拍一下快照。在已保存的快照之间进行切换，就能轻松转换基础版本与打印版本了。这个功能在需要记录编辑过程中的派生版本时非常有用。

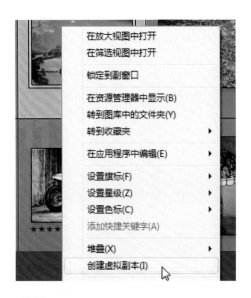

1 创造虚拟副本
打开图库模块，在任意预览图上打开右键菜单。点击"创建虚拟副本"即可对该张图片进行虚拟复制。

2 可分别设置各个调整
创造2个虚拟副本，3个修正版本。这一功能的优点是可以尝试风格完全不同的编辑。

3 保存快照
修改照片模块的界面左侧有快照面板。点击"+"号可创建新的快照。

4 新建任意名称
"快照名称"可输入任意名称。一张图片可有多张快照。

3

局 部 调 整 让 编 辑 更 自 由

希望只调亮女模特的肤色，或者
只想让汽车前盖的颜色加深。熟
悉图片编辑后，大家就对于编辑
特定区域跃跃欲试了。此种编辑
称为局部调整，Ligthroom有多
种局部调整功能，且操作简便，
只需在该区域进行涂抹，或使用
滑块即可完成。掌握局部调整，
让照片编辑更自由。

什么是局部调整？

Point!

通过精确定位调整特定区域
搭载多种局部调整功能
表现空间更大更广

熟悉了图片编辑后就想要尝试编辑特定区域了。不是调整图片整体的亮度和对比度，而是针对图片内某一处进行精确调整。实现此需求的操作称为局部调整。

原本局部调整需要在Photoshop中利用图层覆盖蒙版等高度专业的知识。因此在把握照片的灵感之前，首先必须精通软件的使用方法。所以局部调整就成为了擅长PS技能的人的特权，而Lightroom的局部调整却一举攻破了此难关。

Lightroom有3种局部调整功能，调整画笔、渐变滤镜、径向滤镜。任何一种功能都可通过在预览图上拖拽生成蒙版，后续操作与一般操作相同，用滑块调整亮度与色调即可。一张图片可生成多个蒙版，各个蒙版还可进行二次调整，还可通过橡皮擦工具擦除多余蒙版。曾经高不可攀的局部调整通过Lightroom已可轻松实现。掌握局部调整，扩大照片表现空间。

渐变滤镜 —— 可制作渐变状蒙版。多用于图片周边部分的调整。

径向滤镜 —— 可制作圆形蒙版。一般调整圆形外侧区域，反转后也可调整圆形内侧区域。

调整画笔 —— 使用画笔工具在对象区域涂抹生成蒙版。此为主要的局部调整功能。

效果 —— 各工具中均有曝光度、对比度、饱和度等主要调整项。

画笔 —— 调整画笔可设置大小。擦除画笔也可以设置大小。

可确认蒙版区域

肉眼可看出局部调整后的区域蒙有一层红色。根据需要，一边确认调整区域一边操作吧。

局部调整使用范例

1 调整前状态

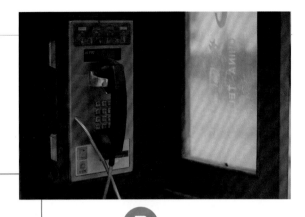

2 曝光度设置为 " –1 "

调整曝光度为负值,降低图片整体亮度。虽然阴影部分的暗度够了,但电话也变得不醒目了。

以标准曝光模式拍摄的电话亭内部。整体偏亮,阴影效果不到位。想要整体调暗,为画面增加沉重感。

3 进行局部调整

使用调整画笔在电话上生成蒙版,提高其亮度,再在其右侧设置渐变滤镜使该区域变暗。通过局部调整,可实现整体调整时无法达到的效果。

使用调整画笔挑战局部调整

Point!

通过拖拽即可生成蒙版
显示蒙版叠加进行涂抹
还能消除蒙版

　　调整画笔工具是局部调整功能中使用频率最高的工具。使用画笔涂抹目标对象即可对其生成蒙版，随后通过滑块对需调整的项目进行操作即可。首先，让我们先来掌握调整画笔的使用方法。

　　使用调整画笔进行拖拽，涂抹的部分则生成蒙版。Lightroom中具有让蒙版叠加部分显示为红色的功能，在熟练操作蒙版之前开启此项功能的话，使用调整画笔操作时会更顺畅。操作熟练后，也可以取消显示选定的蒙版叠加。由于蒙版不完全与被摄对象的轮廓重合也无

碍，所以调整画笔初始状态下，默认设置了轮廓部分羽化，调整项目的效果也比较稳定。蒙版稍稍超出轮廓部分也无大影响，事实上，如果蒙版部分与轮廓部完全重合反而还有些不自然。用调整画笔工具大致涂抹，效果恰到好处。

　　可在设置好的蒙版内调整曝光度、对比度、饱和度等多项内容。刚开始练习时，可以利用曝光度调亮或调暗部分区域，从容易理解的项目入手。

调整画笔的使用方法

1 点击图标

点击

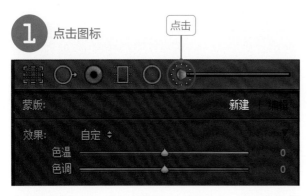

点击调整画笔图标。随后在预览图上进行拖拽，拖拽区域即成为蒙版区域。

2 显示蒙版

勾选

勾选预览图下方的"显示选定的蒙版叠加"。涂抹部分显示为半透明红色，蒙版区域一目了然。

3 涂抹对象区域

使用鼠标在预览图上拖拽，红色为蒙版区域。转动鼠标指针可调整画笔大小。

仅调亮水晶灯区域

在天花板的水晶灯区域生成蒙版，曝光度调至"+2"提高亮度，一扫原图的昏暗，展现出大厅明亮的印象。操作简单，而且效果明显。

Before

After

4 消除部分蒙版

点击

蒙版的超出部分过多时，点击"画笔"的"擦除"。这就是所谓的橡皮擦工具。通过此工具在蒙版区域拖拽，能消除该部分蒙版。

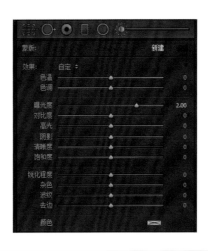

5 设置蒙版调整项

"效果"中有多个滑块。此调整项目全部适用于蒙版区域。过于极端的设置可能会导致画面出现劣化现象，需一边认真确认效果一边操作。

调整画笔实践技巧

Point!

调整画笔可进行二次编辑
可追加生成蒙版
可分别调整不同设置

　　Lightroom的局部调整功能可随时进行二次编辑，并且对同一图片可以生成多个蒙版。在这里，我们主要围绕调整画笔的编辑顺序进行讲解。

　　使用调整画笔生成蒙版时，生成蒙版区域出现白色圆点。称之为标记点，标记点数与蒙版数相同。点击标记点就变化为黑色圆点，表示该蒙版被激活，此时可调整蒙版面板各滑块，改变该蒙版的亮度与色调。最重要的是对激活蒙版可进行二次编辑。接下来学习激活后的二次编辑操作。

　　追加生成蒙版时，点击"新建"并在画面任意处进行涂抹。每次追加均需点击"新建"再进行涂抹。未点击"新建"开始操作时，涂抹发生在当前激活蒙版，会造成意想不到的蒙版区域扩大，请务必注意。

　　消除蒙版时，点击该区域标记点，激活蒙版后，在键盘上按"Delete"键即可消除。

二次编辑与追加蒙版的流程

1 选择完成设置的调整画笔

蒙版二次编辑的操作顺序。首先在预览图上点击标记点。勾选"显示选定的蒙版叠加"，该蒙版区域显示红色。

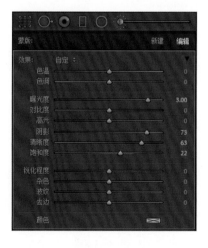

2 调整各个滑块

蒙版面板上的滑块显示的是新建时的数值。在此基础上还可进行二次调整。按蒙版分别保存各项调整内容。

点击

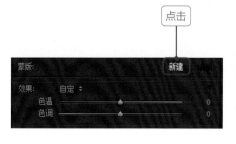

3 点击"新建"

追加蒙版的操作顺序。首先，点击调整画笔图标，然后点击蒙版面板上方的"新建"。

After

Before

编辑多个蒙版

原图中的木椅与木桌略暗，不够醒目。使用
调整画笔将其调亮，并将左侧水面与远处群
山略微调暗。可控制多个特定区域是调整画
笔的优点。

4 追加调整区域

在预览图上，涂抹想要覆盖蒙版的区域。长按鼠标左键进
行拖拽，蒙版略微超出对象区域亦无大碍，大致涂抹效果
更自然。

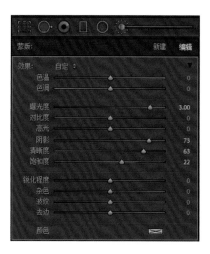

5 通过滑块调整

操作蒙版面板的滑块，进
行必要调整。调整时，取
消蒙版区域的红色显示，
在原始状态下更易把握调
整效果。

画笔的调整

Point!

可保存两种画笔设置
分别使用软画笔与硬画笔
灵活使用擦除画笔

调整画笔工具自带设置功能，最常用的是设置画笔大小，转动鼠标指针即可调节大小。等倍放大画面并将画笔调至最小可进行诸如调整瞳孔反射光等的高级操作。

调整画笔分A、B、擦除三类。A和B可进行个别画笔设置，擦除即橡皮擦工具功能。任选AB其一并按"Alt"键，可转换至橡皮擦。

在调整画笔A、B中，预先设置好软画笔与硬画笔参数使用时更方便。流畅度与羽化程度决定画笔硬度，

设置为软画笔时需加大羽化，减小流畅度。通过设置画笔参数轻松显现调整效果，谨记通过涂抹重复度调节效果的强弱。硬画笔时羽化设置为零，流畅度设为100。在MAX状态下对涂抹部分进行调整，可直接进行局部调整。通常，使用软画笔进行局部调整，重点部分使用硬画笔。

❶	**大小**	画笔大小。拖动鼠标指针可调节画笔大小。
❷	**羽化**	设置画笔外侧边缘的羽化范围。加大羽化度可使轮廓边缘显得自然。
❸	**流畅度**	设定涂抹滑动的强度。设置值为20%时，一次涂抹强度为20%，对同一位置涂抹两次时，强度为20%+20%，相当于一次涂抹的强度是40%。当流畅度不足100%时，重复涂抹可加强该区域调整效果。
❹	**自动蒙版**	该蒙版功能限用于相似色之间。自动在特定被摄对象上生成蒙版。
❺	**密度**	设定描边中的透明度程度。此处设定的值会被当做不透明度的最高值。例如，当设定值为60%时，即使对同一位置重复涂抹也不会超过这个比例。这一项与流畅度相似，区别在于即使重复涂抹也不会超过设定的上线值。

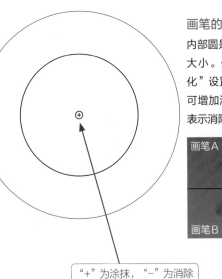

"+"为涂抹，"−"为消除

画笔的形状

内部圆是在"大小"中设定的画笔大小。外部圆的大小是通过"羽化"设置。当中心显示为"+"时可增加涂抹蒙版，显示为"−"时表示消除蒙版。

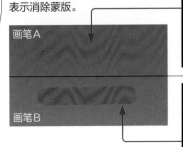

画笔A

画笔B

设置画笔A

将"羽化"设置为较高的值，降低"流畅度"，实现淡淡的柔和笔迹。笔迹轮廓显现自然的羽化效果。

设置画笔B

"羽化"为零，"流畅度"设为最大值。画出轮廓清晰，色调力度强的蒙版。蒙版内各处的调整效果均匀。

只对晴空塔覆盖蒙版

在自动蒙版状态下，使用流畅度100%的硬画笔对晴空塔覆盖蒙版，并提高曝光度。与原图相比，能明显看出晴空塔部分变亮了。

Before

After

勾选自动蒙版

勾选"自动蒙版"会自动选择同色系部分。可沿目标对象的轮廓自动生成蒙版。

描一遍即可准确生成蒙版

勾选"自动蒙版"后描一遍

在自动蒙版状态下，大致描一遍建筑物。描摹时虽多少有超出，但可大致沿轮廓生成蒙版。对精准性有较高要求时，可以配合使用橡皮擦功能，擦除多余部分提高精确度。

使用渐变滤镜描绘光与影

Point! 能以渐变的效果进行调整
控制周边光量（暗角）
利用光与影引导视线

Lightroom中有一个名为渐变滤镜的蒙版功能，可以呈渐变的形状为图像施加调整效果。标准用法是，在天空部分自上而下地添加渐变滤镜效果，降低曝光度。这样就能呈现出偏光滤镜风格的蔚蓝天空效果。在同样状态下将白平衡中"色温"设置为偏黄的位置，还可以用来强调晚霞。

从创作作品角度上来讲，适合积极运用渐变滤镜来控制周边光量。有的时候，在光线充足的环境中拍摄出的照片印象比较平淡，此时需使用渐变滤镜为其描绘光

影效果。首先，从图片的三个方向分别设置渐变滤镜，分别将曝光度调为负值。剩下的一面也同样设置渐变滤镜，但将其曝光度设为正值使之明亮。这样就表现出光线从一个方向照射进来的效果，增加画面立体感，引导观看者的视线，突出被摄对象。即使原图平淡、没有层次，也能表现出光影效果。渐变滤镜是对照片进行进一步操作处理时的重要工具。

点击图标
点击工具栏上的"渐变滤镜"，显示渐变滤镜蒙版面板，准备描绘渐变滤镜。

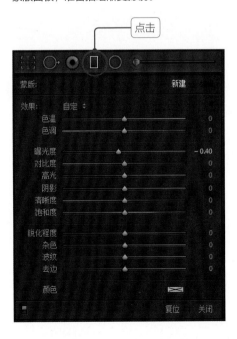

在预览图上拖拽
自画面外侧向内侧拖拽鼠标，画面上显示出三条线段。从外侧开始处到中线附近的效果明显。越至内侧效果越弱。

可进行多项设置
点击"新建"，从另一方向设置渐变滤镜。与调整画笔相同，可在同一画面设置多个渐变滤镜。

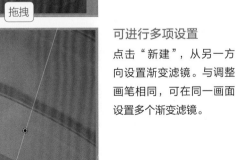

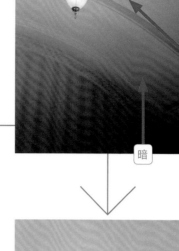

亮

暗

暗

渐变滤镜使用范例

1 调整前状态

天花板上的古老吊灯。虽从窗外有光线
射入，但画面整体光线过于均一，图片
缺乏冲击力。

2 使用渐变滤镜
添加阴影

将下方和右侧的渐变滤镜曝光度
调低，再调高对比度，阴影部分
颜色加重显现出倒影。从左上方
的方向也运用渐变滤镜，这个要
提高曝光度。

3 视线自然移向灯处

仅用渐变滤镜调整后的效果如右图。
通过渐变滤镜制作右下角的昏暗效
果，视线自然落在左上方的灯具上。
与原图相比，画面更生动。

使用画笔擦除渐变滤镜

Point!

渐变滤镜中可使用画笔
消除部分渐变滤镜
消除时显示蒙版区域

渐变滤镜会占据图片上很大一块区域，不像调整画笔可生成小巧的蒙版。尤其是在主拍摄对象上覆盖渐变滤镜时，之后的编辑工作会更加繁琐。因此调整时必须注意不影响主拍摄对象，调整幅度应尽量小，渐变滤镜的设置应尽量短，才不至于覆盖被摄对象。因此，渐变滤镜的画笔就应运而生了，改善了这个不方便的状况。

打开渐变滤镜，面板上方出现"画笔"项。点击后可在激活渐变滤镜上追加由调整画笔生成的蒙版，即渐变滤镜与调整画笔两项可以同时使用。

使用该画笔功能可以消除部分渐变滤镜。点击"画笔"的"擦除"，就能使用橡皮擦在已激活的渐变滤镜上进行擦除操作。例如，设置覆盖照片二分之一部分的渐变滤镜，此时主拍摄对象也被覆盖在其中，使用擦除画笔消除该部分渐变滤镜，则主拍摄对象将不再受影响。接下来学习使用画笔消除渐变滤镜的操作程序。

使用渐变滤镜的画笔

1 设置渐变滤镜

在图片上设置渐变滤镜。设置覆盖二分之一左右画面的较大的渐变滤镜。

2 启动渐变滤镜的画笔

在渐变滤镜面板上点击"画笔"。下部出现画笔设置项，选择"擦除"。

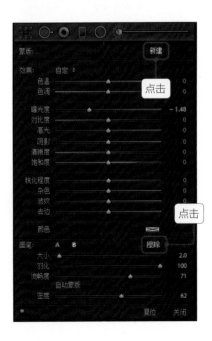

3 使用消除画笔涂抹

使用消除画笔在不希望被渐变滤镜覆盖的区域（本图中为树脂材质的花盆）进行涂抹。在显示蒙版区域状态下进行操作更直观容易。

使用画笔工具消除
渐变滤镜

1 后面房屋过亮

以标准曝光拍摄的照片中，后面的房屋
略显明亮。想要保持前部花盆亮度不
变，并调暗房屋。可以试着仅使用渐变
滤镜进行操作。

2 使用渐变滤镜调暗

3 使用画笔
单独调亮花盆

使用渐变滤镜中的消除画
笔消除花盆上的滤镜。此
时花盆的曝光度不再是负
值，恢复了亮度，仅通过
渐变滤镜就达到了我们想
要的效果。

设置自右向左的渐变滤镜，曝
光度为-2.3。与预期相同，
房屋变暗了，但同时树脂花盆
也变暗了。

使用径向滤镜自由调整周边

Point!

在圆形外侧生成蒙版
中心点可移动的周边调整
圆形可自由变形

控制周边光量是创作作品中不可或缺的重要部分，但一般的周边光量调整都是从照片四角开始起效。若主拍摄对象位于画面右侧，而周边光量调整效果从四角处开始，则无法兼顾主拍摄对象在画面中的位置。径向滤镜解决了这一问题。

径向滤镜功能在圆形外侧生成蒙版。可自由调整圆的形状为正圆、椭圆、倾斜的圆等。该功能在希望集中调整特定区域以外的区域方面展示出强大的威力。它与调整画笔一样，具有曝光度、对比度、饱和度、白平衡等多项调整功能。

径向滤镜可设置在图片的任一位置，即使主拍摄对象位于画面角落，也可在该处设置径向滤镜，调暗圆形外侧并抑制饱和度。而且，同一图片上还可以设置多个径向滤镜。

径向滤镜使用方法

① 点击图标

点击工具栏中的"径向滤镜"。显示蒙版面板，点击"新建"。

② 设置"径向滤镜"

在预览图上进行拖拽，设置"径向滤镜"。拖拽四个方向的方块图标，可以调整滤镜大小。旋转圆形也会移动方块图标的位置，还可调整椭圆的倾斜度。

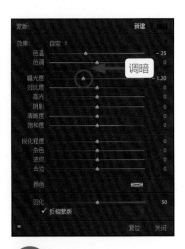

③ 调暗周边部

在蒙版面板上调整蒙版部分。希望降低此处的周边光量时，将"曝光度"调为负值。另外，"径向滤镜"中也可使用画笔，可追加蒙版，也可消除特定部分蒙版。

周边减光从中央部开始

1 调整前的周边光量未减

原图是调小光圈后拍摄的，因此图片的四角处也比较亮。我们来添加暗角，降低周边光量吧。

2 普通的周边减光

首先试着利用"裁剪后暗角"降低周边光量。画面从四角处开始光线均匀变暗，而右侧的人物也变暗了，被阴影覆盖住了。

3 使用径向滤镜降低周边光量

使用径向滤镜括住二人，降低其周围亮度。将蒙版区域的色温设置为冷色调，增加阴影部分蓝色，此方法可以进行比"裁剪后暗角"更灵活的调整操作。

使用径向滤镜制作聚光灯效果

径向滤镜可反相操作
调整圆形内侧
编辑出聚光灯效果

径向滤镜在圆形外侧生成蒙版，是调整周边区域的滤镜，不可否认，从某种程度上来说它的确有点让人难以理解。实际上径向滤镜还有一项特技，就是可以反相操作，在圆形内侧生成蒙版。

径向滤镜的蒙版面板下方有"反相蒙版"选项，勾选后设置径向滤镜，可在圆形内侧生成蒙版，即与字面意思相同，产生反相圆形滤镜。

该功能最适合用于制作聚光灯效果，在主拍摄对象上生成反相蒙版的径向滤镜，并上调其曝光度。如此一来主拍摄对象便可展现出被聚光灯照射的效果。若设置多个反转径向滤镜，则画面中会出现多个被照射光点，表现出梦幻效果。

使用调整画笔描绘圆形，能出现与反转径向滤镜相同的效果。不过，若希望圆形的效果更自然，还是建议使用径向滤镜，根据编辑内容选择更恰当的局部调整功能。

反转径向滤镜

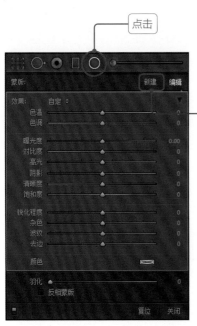

1 点击图标

点击工具栏中的"径向滤镜"，再点击"新建"。

2 设置"径向滤镜"

在预览图上进行拖拽，在任意一处生成"径向滤镜"。并在圆形外侧生成蒙版。

3 勾选"反相蒙版"

确定蒙版形状后进行反相操作，在蒙版面板上勾选"反相蒙版"。

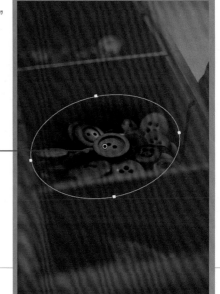

突出聚光灯效果

在画面中央的纽扣位置生成径向滤镜，反相后提亮圆形内侧区域。将"羽化"设为50左右，蒙版的边缘比较自然。需要注意的是，局部调整是就整体而言，因此局部与整体的关系还是要避免生硬，追求自然效果。

After

Before

4 反相蒙版区域

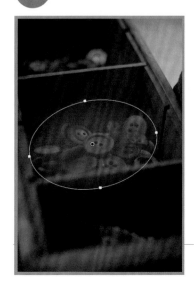

反相径向滤镜蒙版，使圆形内部生成蒙版。调整后，圆形内部显现调整效果。

5 上调曝光度

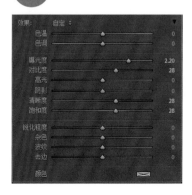

调整曝光度为正，提亮圆形内侧，就可以获得聚光灯照射的效果了。

局部调整应做到何种程度？

Lightroom的任一局部调整功能——调整画笔、渐变滤镜、径向滤镜等，都可在同一图片中出现多次。它们是细节调整时不可或缺的环节，但最终应调整到什么程度才算合适呢？

从结论来说，可制作多个局部调整，直至重现心中设想的光与影效果。小到一片树叶、一个眼神，各细节都可进行局部调整。当然，拘泥于细节未必可行，但也无需对局部调整使用次数设限。

局部调整的第一要义，是对光与影的控制。与拍摄时所用光源不同，它是改变特定部分的亮度的，通过它找到自己想象中的最好的光影效果。真正开始着手局部调整时，要有描绘光线的心理准备。

数码照片的世界里，"直接拍摄出来的效果就挺好"的想法曾经根深蒂固。大家都非常清楚，过度编辑会导致图片印象发生很大改变，所以让人有抵触情绪，但创作者不会因此而停止自己的思考。正因为RAW显像允许多次重复修改，所以创作者才能通过局部调整表现出自己心中的理想光效。

彻底编辑作品
使用调整画笔和渐变滤镜降低背景亮度，通过局部调整制作出工匠在黑暗中默默工作的效果，画面感与原图有巨大不同。

调整前很难称之为作品
在工作室内拍摄的照片。拍摄的采访照未使用特殊灯光，在自然光下拍摄。调整前整张照片全片明亮，艺术性元素非常少。

大刀阔斧地进行局部调整
完成画面上显示有调整画笔的标记点。在整张画面上进行了多项局部调整。制作宣传照片时，局部调整的使用频率非常高。

4

各 类 型 照 片 的 修 图 技 巧

根据拍摄对象和照片的方向性，RAW显像的处理有多种方式，关键是要让眼前的照片如何呈现计划性的想法。并不是一味地挪动滑块，而是要充分设想完成后的效果，以最短的步骤来实现最接近理想的状态。在本章中，我们会以各种拍摄对象和拍摄场景的照片为例，解说完成作品的具体处理方法。一起来解读操作顺序与完成方向性的关系吧。

女性人像（柔和篇）

消除阴影提亮色调

把女性拍得美，并且最终处理得柔和，可以说人像处理的关键就是柔焦原则。
一起来看看将照片处理得柔和优美的关键技巧吧。

Point!　提亮阴影，消除影子
降低红色度，表现透明感
用明亮度实现柔焦效果

After

**不炫耀新奇
追求经典的处理效果**

原片带有明显的绿色调。精心调整白
平衡的"色调"，处理成中性色调。
稍微降低红色度，调整时有意识地表
现肌肤的透明感。（模特：白泽美咲）

Before

女性人像，不论是摄影还是图像处理方面，都是很热门的一类。把美丽的拍摄对象拍得更美，可能除了这一愿望之外，不需要再有其他动机了吧。这里我们介绍表现出女性温柔感的处理方法。

首先第一步是消除阴影。面部阴影如果过重会给人严肃的印象。降低对比度，只提高阴影，处理时注意令整体的阴影变淡。如果可能的话，最好是在拍摄时就考虑到为了避免有阴影而采用反光板。

调整色调的关键是如何将肌肤展现得更美。我们可以把白平衡尽量调整为中性色。不偏不倚的色调能将女性的肌肤表现得干净漂亮。用色调增加洋红色加以调节，让肌肤略带粉色调也不失为一个好办法。而另一方面，想要表现出肌肤透明感的时候，可以试着将HSL的红色饱和度适当降低，这样就能凸显出肌肤的白皙和透明感了。

最后推荐的技巧是，调整清晰度的负值。-20左右就能产生微微渗透、柔焦风格的效果。这是很适合女性人像的修图风格。

Tips 1 提亮阴暗部分，消除阴影

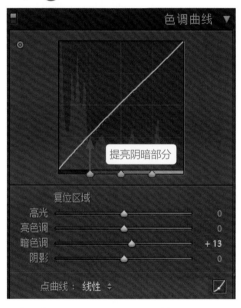

在色调曲线上，将阴暗部分向上提，就能看出面部阴影变淡。降低对比度也是一个有效的方法，但注意如果超过尺度，就会显得图像太平，所以提亮阴暗部分不能有损立体感。

Tips 2 小心操作白平衡

白平衡很容易影响肤色。一般采用没有偏向的中性色，稍微添加蓝色或洋红色就能处理成有氛围的效果。

Tips 3 降低红色的饱和度，营造透明感

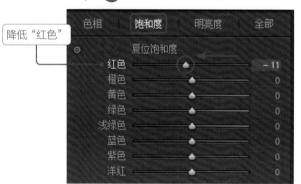

在HSL中降低红色的饱和度，让肌肤产生透明感。同时提高红色的明亮度，令红色增加轻盈感会更好。调整时要关注脸颊、嘴唇的红色效果。

Tips 4 将清晰度调为负值

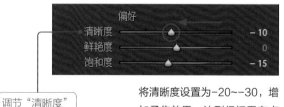

将清晰度设置为-20~-30，增加柔焦效果，达到仔细看有点梦幻的效果为宜。如果将清晰度的负值调整到虚幻得非常明显的话，就缺乏立体感了。

阴影强的酷感美人

摇滚、时装、摩托车等酷感的女性照片，在人像范畴中也是必不可少的。
本节介绍将女性人像处理润色出酷感效果的技巧。

Point!

调整出类似漂白的风格

阶段性地增加对比度

降低色彩饱和度

A f t e r

B e f o r e

**通过局部调整
保持色调**

一旦提高对比度，多少都会有损色调。
要将女性人像处理出酷感时可多用局部
调整，保持色调的同时增加色彩的节奏
感。（模特：Ray）

想要酷感美的女性人像，采用高对比度的处理方法是经典手法。只是，毕竟是女性人像，所以处理时要尽量避免在面部留下浓重阴影。因为拍摄对象为女性，所以不能一味地简单拉动对比度滑块。

那么该怎么办呢？我们不用对比度的滑块，而是以局部调整为主，来增强对比度。首先，用渐变滤镜将周边部分调暗，只保留一个方向明亮也可以。利用色调曲线增加轻盈感的话，就能既保持色调，同时完成高对比效果的图像了。

想要调整女性人像的阴影时，用调整画笔来调节出明暗。想要酷感美时，虽然拍摄对象是女性，但也需要有明显的阴影。只不过不是用滑块来处理，而是用柔软触感的调整画笔来添加阴影。因为要有酷感，所以更需要考虑得周到细致。

对比效果变强后，发色效果也显得浓了。走酷感路线的话需要降低饱和度，增加一些漂白效果。当然，褪色的程度要以保持面色好看为前提。

Tips ❶ 用渐变滤镜做出阴影

用渐变滤镜在背景上做出阴影。在下边和左侧采用渐变滤镜，降低曝光度。只为左上方的渐变滤镜增加曝光度，表现出从侧面有强光照射的样子。

Tips ❸ 面部阴影用调整画笔

当被强光照射时，会有一半面部带有阴影。使用调整画笔覆盖面部一侧，设置阴影，注意不要破坏最暗的部分。

Tips ❷
用色调曲线增加
对比效果

使用色调曲线，让对比度更明显。运用目标调整，在肌肤上营造高光效果，让女性右侧的阴影变暗。

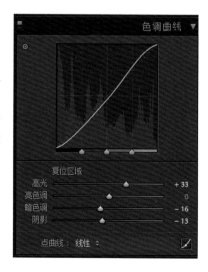

Tips ❹ 降低饱和度，使褪色

降低饱和度，营造褪色感的印象。调整"鲜艳度"可以在保持肤色印象的同时调整色彩饱和度，所以这次我们使用"鲜艳度"来进行褪色处理。

用低饱和度表现男人味

与女性人像重视柔和感正相反，男性人像以表现力量感为主。
所谓的男人味究竟是如何在图片上鲜活起来的呢？

4

各类型照片的修图技巧

Point!
降低饱和度，采用纪录片的触感
增加大幅度阴影
大胆提高清晰度

After

褪色效果唤醒真实感

用调整画笔和渐变滤镜让阴影尽量变黑，从而相对增强了对比度。将饱和度调整到尽量低的负值，通过褪色效果表现出真实感。

Before

男性人像的处理当然要追求男人味。那么用图像表达男人味的话应选择什么样的风格呢？较常见的是具有纪录片质感或硬朗表现的剧照风格。

关键是饱和度的处理方法。降低饱和度的朴素色调散发着某种真实的味道。本例中我们希望有这个效果，所以试着大幅度降低饱和度，与原片相对比就能看出褪色幅度很大了吧。在加强对比度的状态下进行褪色的话，就能进一步增强这个效果，银灰色调的氛围让人一目了然。

还有一个方法是提高男性人像的清晰度。强调局部对比度和阴影效果非常适合表现男人味、有力度的印象。尤其是设置在+40~+50左右，细节的表现力更强。只不过最近采用强调局部对比度手法的人增多，某种意义上来说这就又有点普通了。不过毕竟是现在流行的图像处理方法，所以，大胆地调整清晰度吧！

Tips 1

设置调整画笔

首先为色调增加节奏感，整体不通过对比度而是采用调整画笔来将阴影画暗。涂在想要变暗的阴影部分即可。

涂在阴影部分

Tips 2

调低各个部位的阴影

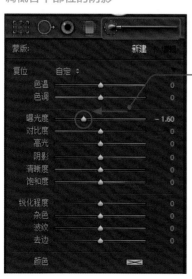

降低曝光度

降低蒙版覆盖区域的曝光度，降低到大概能隐隐看出黑暗的内部线条即可。因为蒙版覆盖的位置不同，曝光度的值也会不同，所以需要十分耐心地调整。

Tips 3 降低饱和度，表现银灰色效果

降低饱和度

将饱和度降低到-40左右。调整为负值，肌肤的黄褐色透着艰辛感。这种大胆地降低饱和度的做法成为这次照片调整处理的关键点。

Tips 4 在阴影中增加蓝色调

点击

虽然想要用冷色调表现严肃的气氛，但如果用白平衡来添加蓝色调的话，连肤色也会发青。所以，使用"分离色调"，只在阴影部分增加蓝色调。

用白平衡重现淡淡的粉色

不仅是樱花，白色的花拍摄出来就容易偏暗。处理时只需要将光线调亮，并且降低阴影，
就能还原樱花原有的美。淡淡的粉色就用白平衡来补充吧。

Point!

调高亮度
用洋红渲染粉色
消除阴影和污浊感

A f t e r

B e f o r e

用洋红来演绎樱花神韵

樱花就是要明快地绽放。白平衡适合
选择中性色温或略偏冷色温。通过
"色调"增加一点洋红就能突出樱花的
神韵了。

梅花与樱花宣告了春天的到来。这些花在众多的拍摄对象中，属于很难拍摄的一类。尤其是带有淡淡粉色的樱花，即使直接按下快门也很难留存住樱花的神韵，最多就是记录下绚丽豪华的景象，或者纷纷落下的落寞。即使将眼前的美景拍摄下来，也经常会有花的颜色暗沉、花瓣有阴影，有时还伴有污浊感。将这样的照片表现出理想的樱花神韵，就是RAW显像图片处理的使命。

首先应该着手处理的是明亮感。因为白色的拍摄对象容易显得暗沉，所以需要提高曝光度，使之明亮起

来。此时，降低对比度让花朵的影子也变得亮起来。如果介意图片上有白点的话，可能是高光度太低了。用柔和的色调将整体调整得明亮起来，是处理的关键。

樱花的颜色用洋红（紫红）来调整。通过白平衡的"色调"，将滑块移到靠近洋红的一侧。调整程度达到能感觉出淡淡的粉色即可。如果用白平衡的话，树枝和天空也会略带粉色。不喜欢这样的话可以用分离色调，只在高光处增加粉色。指定浅粉色，通过"平衡"滑块可以微调粉色的浓度。

Tips ① 提亮并降低对比度

调整"曝光度"

调整"对比度"

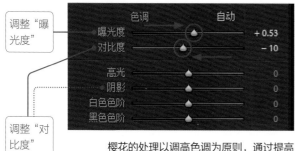

樱花的处理以调高色调为原则，通过提高曝光度来调整。影子重的时候就用降低对比度或提亮阴影，调整出柔和色调。

Tips ② 用白平衡增添洋红色

通过"色调"重现樱花的粉色

在白平衡中设置中性色温或者略偏冷色温，然后用"色调"加强洋红的比重。这样就能重现樱花的粉色效果。

用"复位高光"调整"高光"

Tips ③ 只用高光增加粉色

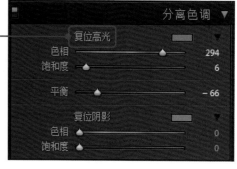

通过"色调"来调整的话，会让树枝和背景的天空也变成粉色。使用"分离色调"，在高光中增添粉色，就可以只在花瓣上渲染粉色了。

Tips ④ 降低清晰度，使图像柔和

调整"清晰度"

降低清晰度营造柔和质感。调整到-10左右即可。不要让轮廓变虚，因为目标是要显得细腻精致。

夏季蓝天

创造偏光滤镜风格的深蓝天空

装上偏光滤镜拍摄天空的话，就能呈现出仿佛蜡染似的深蓝色。
这样的蓝天可以通过RAW显像处理来实现，这是一个适用于所有风景拍摄的技巧。

Point!

降低蓝色的明亮度和饱和度
注意避免色彩跳跃
有云朵的天空用清晰度调整很有效

After

蓝色的塑造是关键

用HSL塑造蓝色。降低明亮度和饱和度，打造出仿佛蜡染似的、有存在感的蓝色。为了突出云朵、山上的树木等细节，增强清晰度。

Before

很多风景照片都会包含蓝天。掌握蓝天的调整处理方法是百利而无一害的事。在这里，我们模仿用带有偏光镜的镜头拍摄的蓝天，介绍深蓝色天空的塑造方法。

装备上偏光镜后拍摄的天空颜色更深，所以我们要做出这种深蓝色的效果。操作处理特定的颜色是HSL的拿手好戏。调整蓝色的色相、饱和度、明亮度，做出偏光镜风格的蓝色，关键就是明亮度和饱和度。那种深蓝色也可以叫做蓝黑色。降低蓝色的明亮度，表现出浓重感，然后再降低饱和度，增加稳重效果。只不过处理蓝色时容易发生颜色跳跃（色调的连续性受损，呈现出条纹状的现象），所以不能过度调整。为了避免色调劣化，调整时需要非常仔细认真。

处理风景照片需要下工夫让云朵看上去令人印象深刻，此时的特效药就是清晰度。此时，不是微调来增加韵味，而是需要大刀阔斧地加以调节，让云朵的阴影变得清晰。试着将清晰度提高到+30~+40左右。

而且，调整天空颜色时需要提前对图像的整体亮度和对比度进行调整。调整颜色要在调整好明亮度之后再进行，这是需要坚守的原则。

Tips ❶ 调整曝光度和对比度

调整"曝光度"和"对比度"

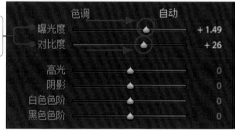

在处理蓝色之前，一定要先调整好与明亮度相关的几个值。在这里同时提高了曝光度和对比度。

Tips ❷ 用HSL降低蓝色的明亮度

降低"蓝色"的"明亮度"

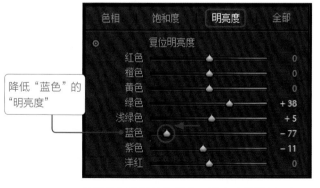

偏光镜风格照片的蓝色，明亮度比较低。打开HSL的明亮度，通过目标调整，将天空的明亮度降低。需要注意的是，如果调整过度的话会发生颜色跳跃的问题。

Tips ❸ 通过HSL降低蓝色的饱和度

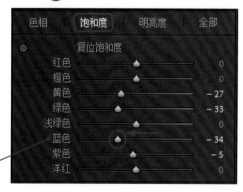

降低"蓝色"的"饱和度"

将明亮度降低后，这次我们来降低饱和度。这也通过目标调整来进行，会很顺利。调整出比较晦涩的蓝色效果吧。

Tips ❹ 通过清晰度突出细节

调整"清晰度"

稍微增强清晰度，设置为+30左右，突出细节。不喜欢整体图像都提高清晰度的话，就通过渐变滤镜，只调整覆盖天空的清晰度吧。

森林

为森林中的植物染上绿色

步入森林中，拍摄的茂密树木的照片，原本以为会是绿意盎然的景象，然而褐色的树木却比绿叶更为醒目。
由森林联想到的景象与实际光景之间的落差，我们可以通过修图来弥补。

Point!

用冷色调表现冷峻的气氛
通过色相将蓝色改变为绿色
加强锐化

After

Before

没有绿色的话，
就创造出绿色

原图像缺乏绿色。通过HSL的色相，
将蓝色调整为偏绿色一些，试着增加图
像中的绿色。白平衡设置为冷色调，表
现森林的湿度和寂静。

森林中清凛的空气用冷色调来还原，这是谁都能容易想到的。将白平衡调节至冷色调，偏蓝色的绿色森林更显得森严一些。但是，如果在森林中拍摄照片就会发现，表现出来的绿色太少，在这里使用的这组照片也是褐色的树木比绿叶更加明显。要想表现出茂密森林的印象，绿色是必不可少的。在这里，以绿色为例，给大家介绍一下强调某个特定颜色的处理手法。

强调特定的颜色就轮到HSL登场了。通过目标调整，即将画面中的绿色部分拖拽，提高饱和度和明亮度。但是，原本照片中的绿色元素就少，无论怎么提升绿色的饱和度也无法让照片实现绿意盎然的效果。这时只要强制性地创造绿色就可以了。在HSL上打开色相操作板，将蓝色系调整为偏绿色即可，仅这一步就大大增加了绿色的面积。通过渐变滤镜和调整画笔创建蒙版，用"颜色效果"增加绿色也是一个方法。

可能操作到这里，有的人觉得图片编辑过度了，但是，将这些方法作为秘密绝招而掌握也是十分有价值的。希望大家将其作为数码照片处理的特权而了解并掌握。

Tips 1 将白平衡调节为冷色调

让"色温"偏蓝色部分

表现森林的清凛空气感，将白平衡的"色温"调整至偏蓝色部分，设置为冷色调。结合曝光度和对比度调整。

Tips 2 在HSL的色相中将蓝色调整为绿色

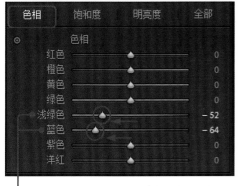

调整为偏绿色

在HSL上打开色相操作板，将蓝色的色相设置为偏绿色。整体图像的绿色量增加就能表现出茂密的森林印象。当然，绿色的饱和度和明亮度也需要增强。

Tips 3 去除紫色的边

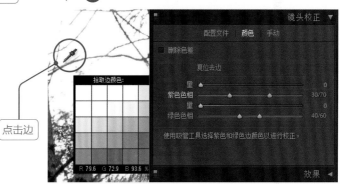

点击边

在森林中或多或少都会有适度仰望天空的照片。在高光部分容易产生紫边现象，所以需要去除。打开"镜头校正"的"颜色"，用颜色选择器点击边缘部分即可。

Tips 4 加强锐化

不仅是森林，处理风景照片时，敏锐地捕捉细节很重要，将锐化的"数量"加强到45~65左右吧。

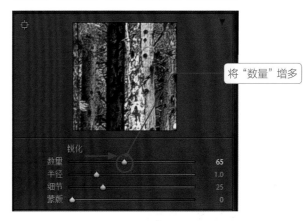

将"数量"增多

晚霞 / 朝霞

被映红的天空用橙色或紫色表达

无论是朝霞还是晚霞，被太阳映红的天空本身就具有无与伦比的美。
但是，并不一定总能看到那么美的霞光天空，那我们就用白平衡来表现出来吧！

Chapter.

4

各
类
型
照
片
的
修
图
技
巧

Point!

用白平衡调节霞光染色的程度
选择橙色或紫色
用分离色调校正添加差别色

After/Orange

After/Purple

Before

用白平衡为天空染色

拍摄傍晚时分的机场，天空被染成了橙
色，却缺少了气势。调整白平衡，创作
出橙色和紫色两个版本的霞光天空。

如果是摄影爱好者的话，应该都有过在一个视野好的位置等待拍摄夕阳或朝阳的经验。但无论怎么等，天空都没有烧红的感觉，天色只是渐渐按下去，只能匆匆按下快门，这样的经历都有过一两次吧。要拍摄出漂亮的晚霞，确实需要点耐心和运气。

这一点，如果放在RAW显像处理中进行，只需通过白平衡就能控制天空的霞光程度。如果想要似火燃烧般的橙色晚霞，就在"色温"中加强暖色。如果想要朝霞的蓝紫色渐变效果的话，就在"色温"中添加蓝色，

再通过"色调"加强洋红色。虽然也需要根据原图像的色调而定，但如果用"色温"添加蓝色或暖色（橙色），用"色调"调整洋红（紫色）的话，就能按照设想的效果调节天空霞光的程度了。

原图像的天空明暗分明的时候，可使用分离色调来添加颜色。例如，如果是在深蓝色的暗色天空上残留了几缕阳光的话，可以通过将高光指定为橙色，就能描绘出深蓝色与橙色渐变的效果。与其说是校正，倒不如说是用自己喜欢的颜色渲染天空，这样处理得会更顺畅。

Tips ❶ 调整明亮程度

调整"曝光度"和"对比度"

晚霞容易偏暗，所以通过曝光度使其提亮到舒适的程度。使用后面介绍的分离色调进行处理的话，实现通过对比度让整体颜色有节奏感，后面的处理会更方便。

Tips ❸ 用白平衡增加紫色

通过"色温"强调蓝色，再用"色调"调整颜色

与调整成橙色时的做法正相反，这次需要用"色温"强调蓝色。然后用"色调"添加一些洋红，调节出你喜欢的紫色。

Tips ❷
用白平衡增加橙色

强调暖色，通过"色调"调整色彩效果

通过"色温"强调暖色，这样整体图像就染上了橙色。然后用"色调"增加洋红色，试着按照喜欢的色调来调节吧。

Tips ❹ 用分离色调添加差别色

指定差别色

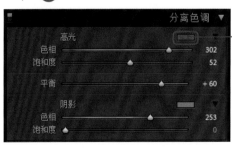

深蓝色与橙色、深蓝色与粉色等，想要让霞光天空表现出两个颜色的渐变色效果时，就使用分离色调。作为例子，我们采用将高光指定为差别色的用法。

红叶

让枯叶也鲜艳

早就耳闻红叶似火烧满山的壮观，却总是很难欣赏到。每年红叶的颜色都稍微有些差别，想要将美丽的
红叶照片收入自己的相机，实在是非常难的一件事。这个时候，轮到RAW显像处理登场了。

用HSL做出暖色系效果
用明亮度控制叶子的明亮感
用色相调节色彩程度

A f t e r

用HSL
做出红叶的效果

红叶照片，如果仅仅是提升整体的饱
和度是无法营造出氛围的。需要在
HSL中细致地调节明亮度、饱和度、
色相。红叶的主角是颜色，所以需要
耐心地处理打造颜色。

B e f o r e

不正经地说，红叶只不过是枯叶子，终结了自己的使命的植物的最后形象而已。红叶虽美，但却不能期待其过于美艳。要想以纯天然的状态捕捉到很好的色泽效果，需要选择顺光，在相机一侧需要增强发色效果。不过，还有一个可选做法就是，使用RAW显像处理法来调整。

构成红叶的颜色是红、黄、绿等暖色。通过HSL调整这些颜色，完成鲜艳的色调效果。要想让发色效果好需要调整饱和度，但是只有饱和度无法做出最好的颜色效果，还需要调整明亮度、控制颜色的浓淡。通过明亮度决定了色调的亮度之后，通过饱和度来调整鲜艳效果的话，操作就会很顺利。

红叶的话，色相的调整很重要。例如，虽然都是红色，但也有偏紫色的红，偏朱红色的红，黄色亦是如此，这些差异是由色相来决定的。我们就以红黄绿为主处理色调吧。此外，色相容易受白平衡的影响，所以先调整并确定白平衡后，再调整色相。

Tips 1 让红色和绿色更鲜艳

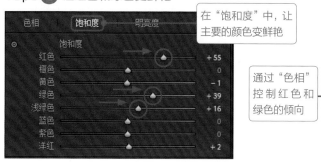

在"饱和度"中，让主要的颜色变鲜艳

在HSL的"饱和度"中，让照片上主要的颜色变得鲜艳起来。这张照片的话，就以红色和绿色为主，并掺杂一些黄色。此外，注意不要让颜色过于饱和。

Tips 3 通过色相表现出红叶的韵味

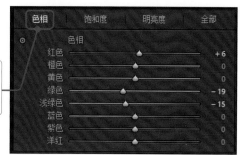

通过"色相"控制红色和绿色的倾向

通过HSL的"色相"来控制红色和绿色的倾向。调整色相时，需要事先完成白平衡的校正。

Tips 2 控制明亮度

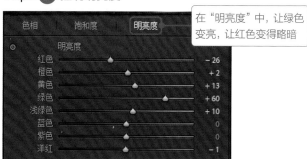

在"明亮度"中，让绿色变亮，让红色变得略暗

在HSL的"明亮度"中，让绿色变亮，让红色变得略暗一些。因为这张照片中的红色面积比较大，如果让红色也提亮的话，作为照片来讲会变得缺乏厚重感。这个尺度把握至关重要。

Tips 4 用渐变滤镜增加阴影

运用渐变滤镜在周边部分增加阴影。如果生硬地调整色调的话，总会影响色调的自然效果，但这样处理就既能补充这方面不足，又能塑造出图像的立体感。

在周边部分增加阴影

避免高光过白，同时提高亮度

虽然现在的数码相机实现了高感光度、低噪点的效果，但高感光度相机拍摄的夜景照片
却是对画质要求很高的。我们需要在保持画质的同时突出夜景效果。

 **Point!**

避免高光过白
主要清除明亮度噪点
提高中间色调

After

**检查是否有
高光过白和噪点**

用高感光度相机拍摄的夜景灯光照片，
很多都带有高光过白、噪点等问题。
既要适当处理这些问题，又要演绎出
夜景灯光的光线洪流。

Before

用高感光度相机拍摄的夜景灯光照片与前面的介绍中提到过的照片有很大不同，那就是画质。虽然现在的数码相机有着高感光度和低噪点的效果，但如果通过1:1等倍像素来看，噪点还是很明显的。而且，夜景灯光的拍摄经常有高光过白的情况发生，不能大意地提高曝光度和对比度，需要充分考虑尽力避免画质劣化。

灯光照片的高光过白问题通过降低高光，可以适当减轻。想要让画面本身变得亮一些的话，最好采用通过色调曲线来提高中间色调，这样就能减少对高光部分的影响，让画面变得明亮起来。

去除噪点以去除明亮度噪点为主。其实，相比明亮度噪点，颜色噪点（杂色）更为明显，但Lightroom在初始状态下，将颜色噪点（减少杂色/颜色）设置为+25，一定程度上就减轻了，所以可以优先检查明亮度噪点（减少杂色/明亮度）。而且，明亮度噪点可以作为胶片粒状感的替代品使用，如果噪点的状态不会让人不舒服的话，只需轻度减轻噪点就可以了。

Tips ❶ 降低高光

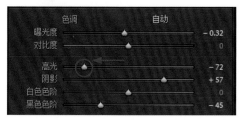

将"高光"滑块沿着负值方向移动，能减少灯光的高光过白问题。点击直方图右上方的"显示高光剪切"可确认高光过白区域。

Tips ❷ 提高中间色调

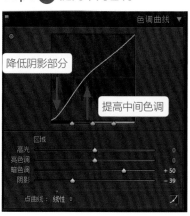

在黑暗场所的拍摄，出乎意料的是阴影比较明显。通过"色调曲线"提高暗色调，就能适度收敛阴影。塑造图像时，需要保持整体的明亮度，同时收敛阴影效果。

Tips ❸ 用白平衡增加蓝色

夜空不用黑色，而是要染蓝色。用白平衡的"色温"调整出有蓝色感觉的色调，或者用分离色调只在阴影部分染上蓝色也可以。

Tips ❹ 去除明亮度噪点

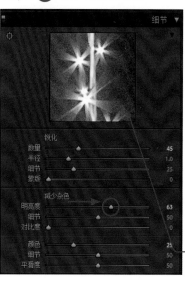

通过"细节"中"减少杂色"的"明亮度"，将其适度增加，去除明亮度噪点。如果过度校正的话，明锐度就会变弱，所以在1:1等倍像素的模式下一边观察噪点与像素的感觉一边调整更为合适。

通过1:1等倍像素来看是否均衡

对比度与渐变色的相克

不论新旧，汽车或摩托车都是很酷的拍摄对象。经过打磨的车身、金属部分的光泽感，都很能刺激感官。
修图时需要意识到射到车身上的光线，再处理图片。

Chapter.

4

各
类
型
照
片
的
修
图
技
巧

Point!

提高中间色调，让渐变色效果更干净
用调整画笔强调高光
用明亮度强调机械感

A f t e r

要有色调意识地
调整对比度

汽车或摩托车适合采用提高对比度的
处理方法，不过，如果重视涂层表面
的渐变效果的话，就需要提高中间色
调，保持色调变化性。

B e f o r e

汽车和摩托车，不用多说，都是金属物体。基本上就是采用加强对比效果，突出机械感，强化硬朗感的处理方法，多处反射的高光能强调金属的硬朗质感。

但是，需要注意不能过度增加对比度，要让汽车和摩托车显得美观，保持色调连贯性也是很重要的一个因素。汽车的引擎盖、摩托车的油箱和防风罩是由光滑的曲面形成，大部分由光泽感强的涂层覆盖，处理图像时需要细心的注意到渐变色的效果。

具体来说，就是提高中间色调，收敛阴影部分。

在色调曲线中，提高"亮色调""暗色调"，降低"阴影"即可。提亮中间色调能让色调的连续性看上去干净漂亮。通过收敛阴影部分能够传递出机器的厚重感。金属的光泽感运用调整画笔来加强，高光部分精准覆盖蒙版，适度提高曝光度，注意不要造成高光过白。

通过这样阶段性的施加对比度，就能在保持色调的同时增强图像的节奏感了。

Tips 1 提高中间色调

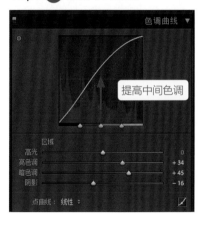

提高中间色调，让渐变色效果显得干净漂亮。降低阴影部分，让阴影更清晰，能演绎出金属的厚重感。

Tips 2 用调整画笔精准上色

想要更加强调光泽部分的明亮度，就用调整画笔覆盖蒙版吧。这样能在加强光泽感的同时，将对中间色调和暗色调部分的影响降到最低。

用调整画笔覆盖蒙版

Tips 3 用明亮度强调细节

像摩托车发动机之类内嵌式的拍照对象，能强烈地反映出明亮度的效果。适合明亮度比平时略强，大概+30~+40左右，可表现出强调细节的冲击力。

Tips 4 强调特定颜色的明亮度

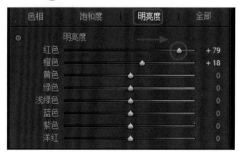

油箱或防风罩的涂层可以通过HSL只对涂层颜色进行调整。如果是颜色容易饱和的情况下，就提高明亮度来强调特定颜色。

相机 / 小物 / 首饰

处理产品照片非常好用的技巧

产品摄影的灯光需要有高度的专业知识，但是如果用RAW显像修图的话，
普通灯光也能完成高水准的写真效果。

Chapter.

4

各类型照片的修图技巧

Point!
- 用渐变滤镜描绘阴影
- 用微调整提高质感
- 利用衍射作用提升锐化度

After

Before

**影子采用局部调整，
进行描画**

对于拍摄得比较平的照片可以采用渐变滤镜在周边部分作出阴影。通过描绘出光与影，简单的灯光也能酝酿出真正的摄影氛围。

为了网店的需要，拍摄产品的人越来越多。专业的产品摄影需要有专门的灯光知识，不过通过RAW显像处理方法，也能打造出接近专业效果的照片。

这里准备的照片，拍摄时右侧设置了闪光灯，左侧前方摆了反光板。1个灯+反光板，如此简陋的灯光设备却能让照片表现出整体打足了光的状态。在这里我们可以使用渐变滤镜从3个方向增添阴影，显得只有1个方向照亮，这样就能表现出聚光灯风格的灯光效果。

然后，就需要通过不断微调提升质感。让色调曲线中的"亮色调"和"暗色调"呈S状，让中间色调表现得更有张力。将清晰度设置为+20，突出细节的存在感。白平衡基本上以中性色为原则，但如果拍摄对象为金属的话，白平衡稍微偏冷色调也可以。此外，产品拍摄较多可将光圈缩小到F16左右。由于衍射作用容易让细节模糊，所以需要进行锐化，增加图片的清晰印象。

Tips ❶ 用渐变滤镜增加阴影

增加阴影

运用渐变滤镜在周边增加阴影。将蒙版的曝光度调整为负值，如果同时提高对比度的话更容易增加阴影效果。

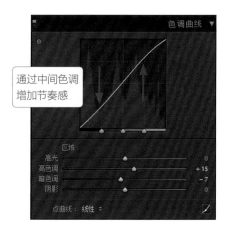

通过中间色调增加节奏感

Tips ❷
用色调曲线优化中间色调

将色调曲线的"亮色调"设置为+10~15，"暗色调"设置为−5~7左右，让中间色调有明暗差别。提升对比度的同时，将整体的"饱和度"下调−10左右。

Tips ❸ 金属采用冷色调

虽然产品摄影的白平衡通常为中性色，但比起忠实产品真实性更重视氛围的时候，可以通过使白平衡偏向冷色调或暖色调来增加气氛。机械类物品选择冷色调为宜。

Tips ❹ 用清晰度表现个性

通过校正增加清晰度以强调细节。建议保持+20~+30左右。但是，布料或木质产品如果使用此清晰度的做法的话，会有不自然的感觉。

Tips ❺ 增强锐化的数量

静物拍摄为了有景深效果，通常采用聚焦拍摄。考虑到衍射现象会导致分辨被摄物体细节的能力降低，所以需要提高锐化。

表现轻盈感的技巧

在柔和朦胧中，跃动着色彩。平日里看惯了的花朵，采用微距拍摄时，竟然呈现出另一个世界。
那么，这个新鲜的世界如何用RAW显像处理来表现呢？

Point! 调整时需要注意轻盈感
降低对比度，表现柔软色调
提高明亮度，表现轻盈感

After

Before

**表现的印象仿佛是
明快的粉笔画**

采用微距拍摄，将大背景虚化的郁金香
照片处理成粉笔画的风格。调整成柔软
色调和高亮度，在色彩的调整中，通过
增强明亮度来加强轻盈感。

花是我们身边最常见的拍摄对象。但是，采用微距镜头拍摄的花是从巨大的柔和朦胧的海洋中，只截取一部分表现出来。其样子仿佛是丧失了形状，只有色彩在舞动一般。

在处理这样的微距拍摄的花朵时，不妨将其想象成一幅水彩画或粉笔画。这样一来，关键点就是轻盈感了。降低对比度，淡化阴影，提高曝光度就能确保有充分的明亮效果。色调的话，HSL的明亮度是关键。提高明亮度的话，发色效果就会变得又淡又轻盈。然后，可

以根据喜好来调整饱和度。

请积极地运用清晰度的柔和效果。建议采用-20左右的柔和聚焦感觉，不要明显的劣化。

感觉敏锐的人可能从这个处理方式上想到女性人像的处理方式，这二者的共同点就是软色调。"提高曝光度→降低对比度→清晰度调整为负值"，就是软色调的经典做法。Lightroom的调整效果可以保存预设，所以可以事先以任意名称保存起来。

Tips❶ 让照片更加明亮柔和

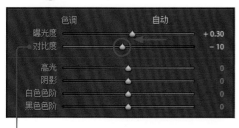

调整"对比度"

降低对比度，弱化阴影，然后提高曝光度，就能让照片变得更加明亮。为了避免有高光过白的问题，需要一边关注直方图，一边进行操作。

Tips❷
在HSL中提高明亮度

提高"明亮度"

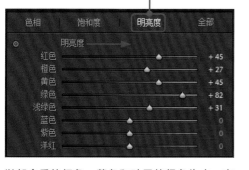

以郁金香的红色、黄色和叶子的绿色为主，在HSL中提高明亮度。若明亮度过高的话，发色效果会变淡，这个问题可通过调整饱和度来弥补。

Tips❸ 提高饱和度，保持色调

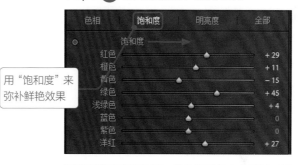

用"饱和度"来弥补鲜艳效果

如果明亮度高了的话，发色效果就会变淡了。通过HSL的饱和度来挽救鲜艳效果吧。这次我们要有粉笔画风格的感觉，所以调整时注意不要有损画质的轻盈感。

Tips❹ 通过调整清晰度来增强柔和朦胧效果

通过"清晰度"表现柔焦风格

将清晰度调整为负值，增加柔焦风格的朦胧感，-20~-30左右为宜。照片本身的朦胧面积就比较多，所以需注意调整要适度。

都市风景

将高层楼群渲染出颓废感

高层楼群每一面都有很清晰的影子，提高对比度时会表现出强烈的印象，
这是都市风景照片独有的特点。我们一起试着表现硬朗派的都市景象吧。

Point !

为大厦的侧面增加阴影
用渐变滤镜表现光与影
用褪色的天空表现颓废感

A f t e r

B e f o r e

**用深沉的蓝天
表现颓废的世界**

用渐变滤镜令天空暗下来，然后降低蓝
色的明亮度，打造透着阴暗的世界。原
本已经习惯的横滨风景，通过这样的编
辑操作也能转变为截然不同的模样。

虽然都市是由人构成，但不知为什么，鳞次栉比的楼群却缺少人的感觉。无人的都市已经在各种电影或文学作品中被刻画过，这样的既视感让现实中的楼群也显得有颓废感。

让我们将这种虚无、阴暗的印象运用在横滨的楼群上试试看。首先，用渐变滤镜让天空和大海变暗，营造从左侧有强烈阳光射入的印象。在色调曲线中，加强对比度。根据需要可使用调整画笔让大楼的迎光面和阴影面清楚分明，并且提高清晰度，以强调细节。

在HSL中降低蓝色的饱和度，打造浓郁的天空蓝色。在这里颜色效果类似偏光滤镜的风格，大大降低饱和度就能打造出缺乏色彩的颓废世界了。处理之后，呈现出与原照片大相径庭的效果。

虽然在这里采用了非常大胆的处理手法，但编辑处理照片本身是非常注意规范性的。其实只进行了降低周边亮度，增加对比效果，将蓝色变暗等操作，大胆的呈现方式不一定就是要什么新奇花样。心中很清楚完成的效果，一点点地实现接近，这点很重要。

Tips ① 用渐变滤镜在周边减少光线

在天空中设置渐变滤镜，降低曝光度。不要设置笔直的渐变滤镜，设置得稍微倾斜一些，避免不自然。

Tips ③ 塑造天空的蓝色

降低蓝色的明亮度和饱和度

在HSL中降低蓝色的明亮度和饱和度。这是在打造偏光滤镜风格的蓝天时，我们使用过的手法，不过在这里进一步降低饱和度就能强调不同质感的印象。

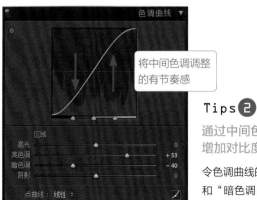

将中间色调调整的有节奏感

Tips ②

通过中间色调增加对比度

令色调曲线的"亮色调"和"暗色调"呈S状，加强对比度。不动"高光"和"阴影"是为了避免高光过白或阴影过黑。

Tips ④ 通过清晰度来强调云彩的阴影

突出云彩的阴影、大楼的细节

将清晰度设置在+20~+40左右，突出云彩的阴影、大楼的细节。数值比普通情况略强能加深印象。因为提升了对比度，所以需要事先降低整体的饱和度，以调整色调。

斜阳中的古色风景

日本胡同中的静谧风景，即便现在也保留着很浓的昭和色彩。
编辑处理胡同街拍时，很想要强调复古的味道。

Point!

通过白平衡使照片染上棕红色调
降低饱和度表现复古感
增加洋红色呈现胶片风格

A f t e r

B e f o r e

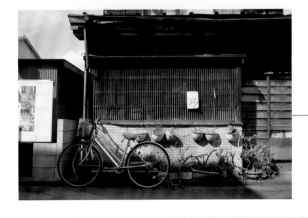

**将胡同染上
棕红色调**

想象夕阳光线下的情景，通过白平衡增
加棕红色就能立即增强昭和古韵味道。
想要表现胡同静谧印象时就与之相反，
设置为冷色调。

　　平民区和胡同中的风景还是想要营造怀旧的印象。因为本身就是保留了明治或昭和时代文化特色的风景，所以想要表现出时间静静流逝的感觉。在这里以沐浴夕阳的胡同印象来编辑处理这张照片。

　　斜光照射的情况下，对比度会变强。但是，如果单纯地提高对比度，视觉冲击力太强，反而会有损怀旧的风格。所以采用在阴影中能淡淡地看到拍摄对象的处理方法，提高中间色调，稍微降低阴影即可。

　　通过白平衡中的"色温"为照片染上棕红色，表现

出温暖的夕阳光线照射的印象，以这个状态就能酝酿出怀旧的气氛了。如果原照片本来就是棕红色系的话，可以省略这一步操作。

　　作为复古风格的调节颜色，增加淡淡的洋红色。在分离色调中，在阴影部分设置洋红色。这样可以呈现出年代久远的变色纸质照片一样的效果，透着浓浓的怀旧味道。

Tips ➊ 在色调曲线中，提高中间色调

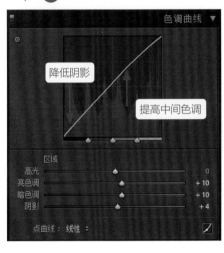

在色调曲线中，提高"亮色调"和"暗色调"，降低"阴影"。由于胡同中的阴影比较多，所以需要注意不要阴影过黑。

Tips ➋

用白平衡增加棕红色调

在"色温"中表现棕红色调

运用白平衡的"色温"表现棕红色调。请大家记住，表现怀旧的时候就用棕红色调吧。与之相对的，要表现未来感的话，适合选择冷色调。

Tips ➌ 降低饱和度，使其有褪色效果

降低"饱和度"，让整体有褪色效果

拉低"饱和度"的滑块让图像整体褪色。历经悠久时间而保留下来的印象，通过褪色处理更容易表现出来。

Tips ➍ 在阴影中增添洋红色

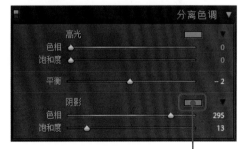

采用分离色调，在阴影中增添洋红色。这样就能模仿出年代久远的变色纸质照片的氛围。想要有胶卷风格时，增加洋红色，效果显著。

指定洋红色

Column

将照片作为作品来编辑处理时，拥有自己专属的颜色会更容易构筑自己的世界观。此时，使用分离色调会很方便，这个功能能为高光和阴影分别覆盖不同的颜色。虽然如果只是单纯地加一个颜色的话，通过白平衡也可以，但是分离色调能够为高光和阴影分别设置不同的颜色，而且还能调整两个颜色所占的比例。

例如，可以让高光是黄色、阴影是蓝色等。在原有色调的基础上，这样覆盖其他颜色就能形成独特的色调，还可以给高

增添颜色的技巧

光或阴影二者之一上色。无论采用哪种方法，照片看上去都或多或少有些违和感。积极地利用这种违和感，表现自己专属的世界观吧。

这样上色也可以通过局部调整来实现。调整画笔、渐变滤镜、径向滤镜中都有"颜色"项目。点击此处就能打开与分离色调一样的颜色开关，可以在这里选择要用的颜色。事先需要理解涂色、添色、上色等手法。

Before

用分离色调
表现复古味道

在高光中添加黄色、阴影中添加洋红色，试着营造复古风格。若只用白平衡的话，难以实现这样复杂的色调。柔和的色调处理，是分离色调功能的优势。

After

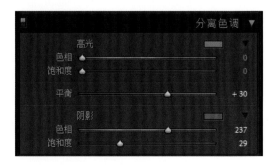

指定颜色

打开颜色开关，分别为高光和阴影指定不同颜色。各个颜色的饱和度不仅可以通过选择器来指定，还能通过滑块来调整。

调整色调比例

通过"平衡"滑块调整高光和阴影的比例，这一项调整就能大大改变色调。请耐心寻找最协调的色调比例吧。

5

黑 白 照 片 的 处 理 方 法

省略了颜色，只有浓淡黑白的世界。黑白照片因为简单，所以更加深奥。通过RAW显像处理来制作黑白照片，可以采用多种手法控制浓淡效果。其中，通过通道混合器（黑白混合）进行滤镜处理可以说是数码黑白照片的特权。本章介绍超越简单的黑白转换，作品色彩强的黑白照片的打造方法。

将彩色照片转化为黑白版本

Point!

照片黑白化的方法有多种
从预设开始入手
通过编辑黑白混合完成最终效果

制作黑白照片并不是简单地将彩色图片转化为黑白就行了。用单色调来描绘一个世界，这是一种禁欲式的表现方式，需要将光与影的状态，控制调整为更加鲜明的效果。

Lightroom中有多种照片黑白化的方法。最简单易懂的方法就是从显像模块右侧的预设中，选择喜欢的黑白形式。也就是说，从模拟黑白滤镜的"黑白滤镜预设"和可以转变为更有个性的黑白照片的"黑白色调预设"中，选择适合照片内容的形式。

黑白照片以黑白混合的编辑操作为主要内容。这个功能通常被称为通道混合器，可以分别控制8个颜色系统的明亮度。能够以原图像的色彩信息为基础，在黑白化后的状态中，调整明亮度，能够通过滑块模仿黑白滤镜效果。先在预设中定好大方向，然后通过黑白混合进行微调，是最有效的黑白照片的制作流程。

标准的黑白转换

点击"处理方式"的"黑白"后，彩色图像立即转变为黑白图像。没有特别强调对比度，这就是所谓的简单的黑白转换。

黑白混合会自动变化

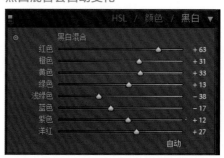

选择了黑白的预设后，黑白混合的滑块会根据预设的内容自动变化。可以在这个状态的基础上进行微调，编辑出喜欢的效果。

在预设中改变黑白形式

显像模块中搭载了多个黑白图像的预设。建议使用的是模仿黑白滤镜风格的"黑白滤镜预设"，可以将彩色图像转变为标准的黑白图像。

将饱和度降至最低

将"饱和度"降至最低

将整体"饱和度"降到最低就能完全去除色彩，变成黑白图像了。只是，颜色信息没有了，即使操作HSL的话，也没有浓淡变化了。

调整前

通过Lightroom转变为黑白色

首先让我们一起来感受一下选择标准转变的"黑白色调预设"和模仿黑白滤镜的"黑白滤镜预设"制作的黑白图像有什么区别吧。比较时注意天空的蓝色、树木的绿色、建筑物的褐色，会容易看到区别。"黑白滤镜预设"中，按照黄色、橙色、红色的顺序，色调的节奏感有加强的倾向。以这些为基础，通过黑白混合或者色调曲线进行微调，就能做出自己风格的黑白作品。

用"黑白色调预设"转换

黄色滤镜

橙色滤镜

绿色滤镜

蓝色滤镜

红色滤镜

用黑白混合表现浓淡

Point !

黑白混合是黑白照片编辑的主要舞台
可用8个色彩系统调节色调节奏
通过目标调整进行控制

黑白照片是仅通过浓淡来表现拍摄对象的世界。运用图像编辑语言来说，就是运用亮度或对比度等图像明亮度相关的调整来塑造作品，只是在实际创作中，更多地会运用黑白混合（通道混合器）。

黑白混合中，并排着8个色彩系统的滑块，移动各个滑块就能改变该颜色的明亮度。简单明了的解释就是，这是HSL的黑白版。例如，在彩色状态中的红色部分，通过移动红色滑块就能调整红色的明亮度。以原图像的颜色状态为基础，可以进行让这个颜色变亮，那个

颜色变暗等调整操作。可以说这是将以往的黑白滤镜效果通过数码重现出来的功能。

不过，在将图像黑白化之前，一边想象着原来的颜色状态，一边操作处理是非常麻烦的一件事。需要一一确认想要调整的部位原本是什么颜色。幸好，黑白混合可以使用目标调整。在预览中拖拽任意地方，就令该位置的颜色在黑白混合上产生变化，即使不知道那是什么颜色，也能凭直觉进行黑白混合的操作。

选择

点击

1 选择预设

打开显像模块的"黑白滤镜预设"，点击接近自己预期效果的选项。如果是标准的黑白化，选择黄色滤镜比较好。

2 点击目标调整

根据所选的预设，黑白混合的滑块会有相应的变化。在这个状态的基础上运用黑白混合来融入浓淡效果，试着点击一下目标调整按钮吧。

根据在目标调整中所拖拽的内容，黑白混合的滑块会相应变化。当然，直接操作滑块，或输入数值也能设置。

3 将任意颜色上下拖拽

向上、向下拖拽

鼠标的箭头会改变，所以可以拖拽预览上的任意位置。向上移动时，该颜色部分就会变得明亮起来，向下移动就会变暗。

4 改变相应颜色的明亮度

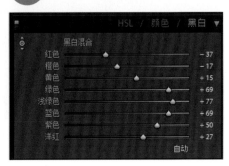

原来的彩色图像 | 在转化为黑白版之前的图像，天空的蓝色、船身和铁塔的红色让人印象深刻。当黑白化之后，这些颜色会如何呈现，这点很重要。

应用了黄色滤镜 | 在"黑白滤镜预设"中选择黄色滤镜。天空的蓝色变暗，船身和铁塔的红色显得更明亮了。

用黑白混合调整 | 这次试着通过黑白混合让蓝色变明亮，红色变暗。这个版本与采用预设的那张效果截然不同，好像不是一张照片了。在实际操作中，通过目标调整，在天空和船上进行了拖拽。

用黑白混合营造红外线风格

Point!

模仿红外线照片
用黑白混合进行处理
让绿色变亮，蓝色变暗

黑白混合与对比度或局部调整不同，是以原图像的颜色为基础，在图像上增加节奏感。利用这个特性可以进行模仿红外线照片的处理。

红外线照片中，绿叶是亮的（白），天空或水的蓝色是暗的（黑）。将这个特点在黑白混合中运用的话，只需将绿色调整为正值，蓝色调整为负值即可。但是，如果只修改绿色和蓝色的话，色调的连贯性差。需要把与绿色接近的橙色和黄色，与蓝色接近的浅绿色和紫色也以相似的方式调整。

虽然红外线照片的特点是对比度很大胆，但如果只编辑黑白混合的话，并不会显得对比度很强。需要运用色调曲线和明亮度，让天空变成漆黑、树木留白，大胆地以创作画作似的进行调整。如果发生高光过白或者阴影过黑的问题时，运用局部调整，在局部赋予节奏感。将黑白混合和通常的编辑手法完美结合，创作出有原创性的黑白照片吧。

---

1 选择预设

从显像模块的预设中，选择"黑白滤镜预设"→"红外线"。"红外线"的预设将绿色系颜色增加了明亮度。

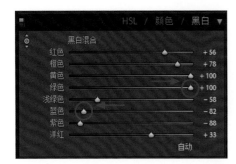

选择

2 用黑白混合表现红外线风格

选择了预设后，用黑白混合营造出红外线照片风格，蓝色变暗，绿色变亮。接近的颜色系统也遵从这个方法的话，能让色调的连接更自然。

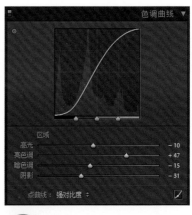

3 用色调曲线增加节奏感

只用黑白混合无法得到充分的节奏感时，就用色调曲线加强对比度。使用调整画笔或渐变滤镜都可以。

4 通过清晰度让细节部分变得柔和

胶片的红外线照片，高光部分会柔化得很好。想要模仿这个效果时，就将清晰度调整为-20~-30左右。细节部分有一点柔化可以增加整体气氛。

通过"清晰度"让细节部分有一点柔化

1 原来的彩色图像

原来的彩色图像，天空和大海是蓝色的，岸上有绿植覆盖。如果调整色调让绿色变亮，天空和大海变暗，就能完成红外线照片的风格。

3 完成最后处理

利用色调曲线和局部调整，让天空和大海尽量暗但要避免阴影过黑。此外岸上的绿植也尽量提高亮度，但也要避免高光过白。这样就完成了红外线风格的黑白照片。

2 用黑白混合进行调整

使用黑白混合调整图片，让树叶的部分变亮，天空的部分变暗。到此为止，虽然这样处理也没有错，但是还希望能更完善一些。

用清晰度突出个性

Point!

将清晰度调整为正值
强调拍摄对象的个性
绘画风格的表现形式

清晰度能调整局部对比度，在黑白照片中也能发挥这个威力。虽然在强调细节的作用方面与在彩色图像中一样，但是在黑白照片中其效果更加显著。

清晰度是以轮廓部分为中心，调整对比度的。在黑白照片中效果明显的是将清晰度提高为正值的调整。因为是作用于轮廓部分的，所以更加突出细节部分的高光边缘。细节变得清晰生动，就好像视力突然变好了的感觉。因为黑白照片是靠单色的浓淡来表现，所以这种对边缘的强调，效果传达的更明显。

关于清晰度的适合数值，如果想要自然一些的话就

选+20~+30左右，如果想要大胆一些的话就选+50以上。顺便说一下，清晰度调整为正值时，增加数值的话可能看上去像绘画一样。如果是在彩色照片中采用的话会有违和感，但如果是在黑白照片中应用，很多情况下就连局部对比度太强的图片也会显得很有型。此外，清晰度还可以通过调整画笔或渐变滤镜等局部调整工具来调整。只对图像中的一部分细节进行强调，能让整个作品的节奏感更好。在黑白照片中，局部对比度是必不可少的精髓。

自然调节的话就用+20~+30

如果想要自然一些的调整，突出细节的话，就设置为+20~+30；如果设置超过+50就会呈现出HDR风格，有绘画的感觉，也可以故意表现这种夸张效果。

点击

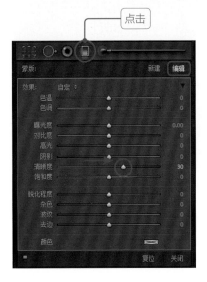

也可以使用局部调整

使用渐变滤镜和调整画笔也能调整清晰度。移动蒙版的"清晰度"滑块就能调节。

用渐变滤镜调整云朵清晰度

云朵是很容易表现出清晰度效果的拍摄对象。使用渐变滤镜或调整画笔就能不影响主要拍摄对象而只对云朵调整。

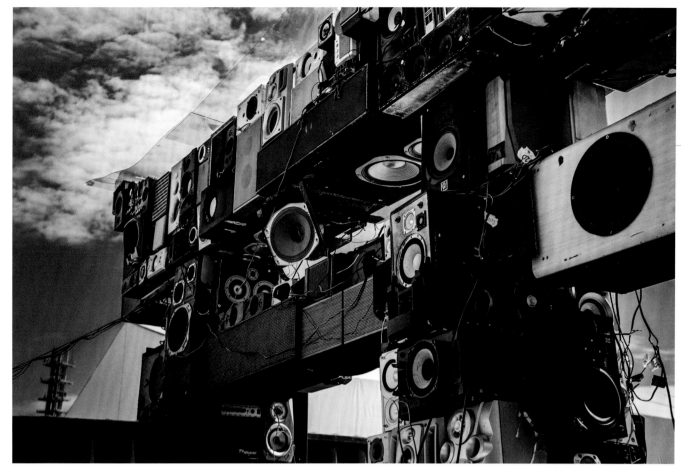

3 通过清晰度强调细节

将清晰度调高到+70，再用渐变滤镜将云朵部分的清晰度设置为+30。与只通过预设转化后的黑白图像相比，边缘的坚挺分明效果更加突出。

 原来的彩色图像

用音箱组成的门式艺术品。细节部分的纹路很细，通过高清晰度来强调细节效果的照片。

 转变为黑白色后的状态

在显像模块的预设中转变为黑白照片。对比度的处理方式保持了自然的样子。

重现颗粒感

Point!

重现胶片颗粒效果
结合完成后的大小进行调整
有损锐化度

黑白照片属于模拟胶片影像时代的范畴，其代表范例是胶片颗粒，即所谓的颗粒感。Lightroom有"颗粒"功能，可以添加颗粒感。

在数码照片中，流行用高感光度噪点来代替胶片颗粒。然而，只为了有颗粒感而专门采用高感光度摄影确实有点小题大做。照片有记录性，基本上还是希望拍摄出高品质画面。所以，此时就轮到"颗粒"功能出马了。这个功能只需将滑块向右移动就能增加画面中的颗粒感，还能调整颗粒的粗细和规则性。

为了让颗粒感显得真实，需要注意图像最后输出的大小。例如，如果在网上使用，最终输出的照片尺寸小的话，就将颗粒设置得比较大。因为图片本身尺寸小，如果再采用细颗粒的话无法传达出颗粒感。相反，如果是在摄影展等场合，需要照片以很大尺寸印刷的话，那么颗粒则选择细小的尺寸为好。因为如果印刷成大尺寸的话，颗粒也会显得很大。

❶ 数量	调整颗粒的数量。 将滑块向右移则增加颗粒感，数值为0时无颗粒感。
❷ 大小	调整颗粒的大小。 超过25的话，会增加些许移位效果，颗粒质感变得非常明显。
❸ 粗糙度	调整颗粒的规则性。 滑块越向右移动，不规则的颗粒感越强。

数量

数量 | 0

数量 | 80

大小

大小 | 0

大小 | 80

粗糙度

粗糙度 | 10

粗糙度 | 100

3 增加颗粒感

试着将"颗粒"的数量提高到+80，着重强调颗粒感。与高感光度噪点相比，不规则的效果更有胶片颗粒的真实感。

1 原来的彩色图像

这是用ISO100拍摄的彩色图像，完全没有噪点的清晰照片。

2 将照片黑白化后，进行周边减光

颗粒感很适合与周边减光处理相结合。将原图像黑白化后，作为接下来的准备工作，将镜头暗角设置为负值。

掌握棕褐色调的打造方法

Point!

从预设中选择
用分离色调调整
寻找合适的对比度

在黑白照片中，有一种调色技术。棕褐色调、氰版风格、硒色调等，并不是单纯的黑色，而是略带颜色的黑白色。尤其是棕褐色调非常有名，可以说是表现怀旧风格的代表性色调。

Lightroom中搭载了这样带有调色风格的预设"黑白色调预设"。选择这个预设，只单击一下就能让图片转变为棕褐色调。不过，究竟是为什么要转变为这个色调？作者自己心中应该有数。在数码环境中选择棕褐色调，只是应用了棕褐色调的预设而已，还要结合作品进

行微调，创作出与之相适应的怀旧色调。

黑白色调预设可以使用所有的分离色调调整。在完成色调处理时，这一点非常重要。选择棕褐色调时，高光和阴影上会以稍微不同的比例来添加褐色。如果保持不动的话，色调感觉太强，所以需要分别降低高光与阴影的饱和度。通过微调，能让整体氛围变得更加典雅。

选择预设

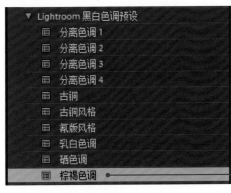

选择

打开显像模块的"黑白色调预设"，点击"棕褐色调"。这样图像就能变成棕褐色调了。具体操作需要在黑白化之后，在分离色调中进行。

降低饱和度，显得优雅

淡淡的上色

预设的设置中上色效果过重。如果重视怀旧气氛的话，建议有一层淡淡的上色效果即可。那么就分别将高光和阴影的饱和度降低一些吧。

通过分离色调进行上色

"高光"和"阴影"被自动配置了褐色

棕褐色调的着色是通过分离色调进行的。选择棕褐色调后，分离色调中自动将高光部分设置为偏黄色的褐色、阴影部分设置为偏橙色的褐色。这就是棕褐色的根本所在。

1 调整前的图像

选择婚纱照片作为调整棕褐色调的例子。
婚纱褶皱产生的阴影希望添加棕褐色，
表现出成熟优雅感。

2 选择"棕褐色调"

在"黑白色调预设"中点击"棕
褐色调"。整体略带橙色调，给
人颜色比较浓重的印象。

3 进行微调整，
完成作品

在分离色调中，降低高光
和阴影的饱和度，将色调
调整得更稳重一些。利用
色调曲线降低阴影，让暗
色部分的颜色更明显。

效果超强的二重色

Point!

将黑白照片编辑为二重色调
通过分离色调实现
故意选择有违和感的颜色

　　基本上黑白照片是单一颜色的世界。为什么前面要加"基本上"呢？因为还包括前面介绍的棕褐色调处理，以及在特定位置进行着色的技法等，从胶片时代开始对于黑白照片的上色尝试已经不胜枚举了。这其中，属于数码照片专属的技法就是二重色。

　　二重色是将黑白图像处理成两色调的方法。将高光与阴影分别设置为不同颜色，做出独特的色彩与阴影。操作本身很简单，只需要在分离色调中，将高光与阴影分别配以不同颜色即可。但是，配置的颜色需要慎重选

择。如果将高光和阴影配置上相似的颜色，单色的浓淡差别不大，就算不上是二重色。采用黄色与蓝色这样的互补色，或者红色与蓝色这种暖色调与冷色调的组合，配置上相互差别较大的颜色才会有意思。照片的表现，人们往往倾向于喜欢经典的，但对于二重色来说，前卫个性的表现方式能收获更好的效果。而且，对比度高的话，两个颜色能很好地分别开，视觉冲击力更强。

---

① 使用分离色调

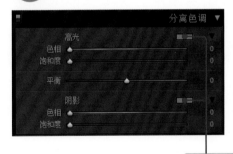

"高光"和"阴影"是分别独立的

二重色是一种利用分离色调进行调整的照片表现形式。先将图像黑白化，然后用分离色调进行上色。

② 分别设置不同颜色

点击

打开高光和阴影的颜色开关，分别设置不同颜色。建议不要选择相似的颜色，而是选择明显不同的颜色。

③ 调整平衡

调整到喜欢的色调平衡

"平衡"滑块向右移动，高光的颜色更强，向左移动的话，阴影的颜色更强。一边观察预览，一边调整到自己喜欢的色调吧。

④ 可以从预设中选择

"黑白色调预设"的"分离色调1~4"就是二重色的预设。在设置颜色时，可以参考这些进行。

预设

▼Lightroom黑白色调预设
　分离色调 1
　分离色调 2
　分离色调 3
　分离色调 4
　古铜
　古铜风格
　氰版风格
　乳白色调
　硒色调
　棕褐色调
▶ Lightroom黑白预设
▶ 用户预设

皮夹克适合
红色底色

将以红色皮夹克为主体的彩色图像处理成红色底色的二重色调。在阴影部分分配红色，在高光部分分配黄色。调整整体平衡，让肌肤保持黄色，此外都渲染成红色。

高光	黄色
阴影	红色

处理之前

黑白化

高光	黄色
阴影	蓝色

高光	蓝色
阴影	紫色

对于黑白照片，有颜色加深、颜色减淡等暗室加工方法。这是通过改变图像上一部分的曝光度，让该部分明亮度相应增减的操作，也就是所谓局部调整，是自从黑白照片时代起就很常用的操作。

在Lightroom中编辑黑白照片时，颜色加深、减淡可以通过调整画笔来进行。此外用黑白混合也能有相似结果，所以经常烦恼不知道该用哪种方法。

我以拍摄穿淡粉裙子的女孩为例进行说明吧。想要让裙子的颜色变暗时，就在

黑白混合中将红色值调整为负值。但是，因为女性的脸颊和嘴唇上也包含了红色，所以这些地方也会一起变暗。如果不让女孩面部有变化就无法让裙子变暗。此时，只要用调整画笔，在裙子上覆盖蒙版后，调整为负值即可。

局部调整可以不受任何制约，就在某个特定的地方进行调整。黑白混合虽然操作简单，但是弊端就是会对同色系统一进行调整。根据这两者的特征，编辑处理图像时区分使用吧。

局部调整和黑白混合的使用区别

在裙子上使用调整画笔

用调整画笔在裙子上覆盖蒙版。在这个状态下，调整蒙版的曝光度就能表现出颜色加深或者颜色减淡的效果了。

用调整画笔进行颜色加深

在裙子上使用调整画笔，降低曝光度。就能只令裙子变暗，加深颜色，对于裙子之外的部分没有丝毫影响。

用黑白混合降低红色度

因为这条裙子是浅粉色，所以用黑白混合将红色值调整为负值。虽然只想将裙子调暗，但嘴唇与脸颊也随之变暗了。

6

老 镜 头 照 片 编 辑 技 巧

最近，使用老镜头拍摄已悄悄成
为一种潮流。拍摄时使用转接环
为数码相机安装老镜头，拍摄出
的照片风格轻松怀旧，深得观者
心。用老镜头拍摄出的照片需要
编辑吗？要编辑的话应该修改哪
些部分呢？本章我们针对老镜头
照片的编辑技巧进行说明。

像差是该去还是该留？

Point!

Lightroom可调整各种像差
老镜头的像差很有味道
需要有可以欣赏像差的角度

自从出现无反相机后，使用转接环安装老镜头的摄影方式开始受欢迎起来。Lightroom在导入老镜头拍摄照片方面毫无问题，当然也可对其进行各种调整。那么，应该将照片编辑到什么程度好呢？

说到这里，原本选用老镜头的初衷是看重它的各种独特像差。周边光量降低、焦外旋转、色差与歪曲像差等，原本表现消极概念的要素，现如今都成为一种新鲜的表现手法。这就是老镜头摄影的本质所在。

实际上使用Lightroom可以调整这些像差中的大部分，完全能够提高画面质量，得到与现行常用镜头相同

周边光量降低
Noctilux 50mmF1

使用徕卡大口径镜头Noctilux 50mmF1，以光圈全开模式拍摄。四周边缘一下变暗，视线自然汇聚到画面中间位置的猫身上。这是老镜头才能拍出的效果，无需编辑。

的表现效果。但倘若真的一一调整，那使用老镜头拍摄的意义就不大了。修改什么，保留什么，拍摄者必须有自己的想法。

作为怀旧的表达方式，希望务必保留周边光量降低和焦外成像效果。色差、歪曲像差和偏色等，过度明显时进行修正，有助于提高照片的表现效果。

四周暗角偏洋红色
G Hologon T* 16mmF8

无反相机搭配短法兰距的广角镜头，容易导致照片边缘偏洋红。这是数码相机本身原有的问题，很难说是老镜头的拍摄特点。此现象需进行修正。

焦外旋转
Biotar 75mmF1.5

Biotar 75mmF1.5是卡尔蔡司的知名人像镜头。光圈全开模式易出现焦外旋转效果，展现独特的表现世界。因焦外成像在图片处理时无法被修正，需好好研究如何更好地利用它。

修正洋红色偏色

Point!

运用短法兰距广角镜头易发生偏色

使用渐变滤镜补色

配合背景颜色进行微调

无反相机搭配短法兰距广角镜头，偶尔会导致照片边缘偏洋红色。这是因为老镜头不考虑远心性（光垂直到达图像传感器），导致周边部分颜色发生偏移。与其说这是老镜头的特点，不如说是数码相机才有的问题，属于需修正对象。

该洋红色偏色可通过渐变滤镜进行修正。在色板上增加洋红色的互补色绿色，以抵消偏色。除洋红色外，其他颜色的偏色也可以通过此方法修正。

有两个修正小诀窍。设置渐变滤镜，设置时滤镜中线位于偏色的边缘。色板上有基本指定互补色，配合背景颜色进行微调的效果较好。例如，洋红色的互补色为绿色，背景为天空时，设置为稍偏蓝色的绿色。如此一来，可缓和因修正带来的生硬感。修正不应以刚刚好相互抵消达成中性色为目标，而是要使其最终呈现出与背景颜色相搭配的颜色。

---

1 在两边设置渐变滤镜

滤镜中线在偏色的边缘

图片两端偏洋红色，在此处设置渐变滤镜。中线位于偏色的边缘。

3 使用调整画笔生成蒙版

蒙版

图片天空顶部稍偏琥珀色。偏色部分呈半圆状，因此选用调整画笔修正。在琥珀色偏色部分生成蒙版。

2 选定洋红色的互补色

点击互补色

打开色板，选定洋红色的互补色抵消偏色。背景为天空，所以选择稍微偏蓝的绿色。

4 选定琥珀色的互补色

点击互补色

打开调整画笔的画板，选定琥珀色的互补色蓝色。此处的处理方法与抵消偏色方法相同。进行微调时应注意与背景色的平衡。

After

Before

最后上调周边光量

原图两端部分偏洋红色，顶部偏琥珀色。使用渐变滤镜和调整画笔生成蒙版，在色板上增加补色抵消偏色。最后使用"裁剪后暗角"上调周边光量，增加边缘部的轻盈感。

修正色差

Point!
单击修正
修正绿色与紫色的边缘
局部调整时启用去边功能

色差是指轮廓部分发生的色偏移现象。大部分老镜头属于单焦点镜头，与变焦镜头相比色差并不明显，所以关于有无色差方面无需过分紧张担心。

但使用数码相机时，高光边缘容易产生紫边（紫色的边缘）。紫色色泽非常明显，修正时需将其作为修正对象多加留意。另外，普通价位的老镜头虽是单焦点，但一分价钱一分货，其色差也相应明显。色差是先前提到的，轮廓部分的色偏移现象。也就是说，出现色差时，会看到两个轮廓，影响清晰度。参加图片展等需放大打印照片时，必须修正这一问题。

打开"镜头校正"的"颜色"，出现控制调整色彩边缘的项目。界面独特，一条滑块上设置有两个调节钮，专业人士都会对该功能产生畏惧。幸好另搭载有边颜色选择器，单击色差部分即可自动修正。普通操作并不难，非常简单。

1 打开镜头校正的颜色

点击"镜头校正""颜色"。可使用滑块修正，也可通过吸管工具轻松修正。点击吸管图标。

点击

2 用边颜色选择器点击

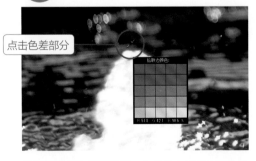

点击色差部分

鼠标指针变为吸管状时，在此状态下点击产生色差的区域。操作诀窍是，等倍放大像素后，能精确定位点击该区域。

3 单击完成修正

单击即可消除紫色边缘。Lightroom中的边缘颜色调整，可消除绿色与紫色色差。使用边颜色选择器大致修正，再通过滑块进行微调整即可。

4 调整画笔的去边功能

通过色彩边缘调整去除紫色边缘时，有时会对画面上的紫色区域产生不良影响。这时建议使用调整画笔和渐变滤镜的"去边"功能恢复。在被影响部分生成蒙版，"去边"调整的最大负值为（－100），蒙版区域可恢复到色彩边缘调整前状态。

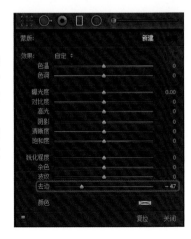

单击修正紫边

Biotar 75mmF1.5光圈全开模式拍摄。喷泉成为高光部，轮廓部分产生了紫边。使用色彩边缘调整控制的吸管工具，单击该区域即可完美修正问题。修正效果较差时可尝试多次点击附近区域。

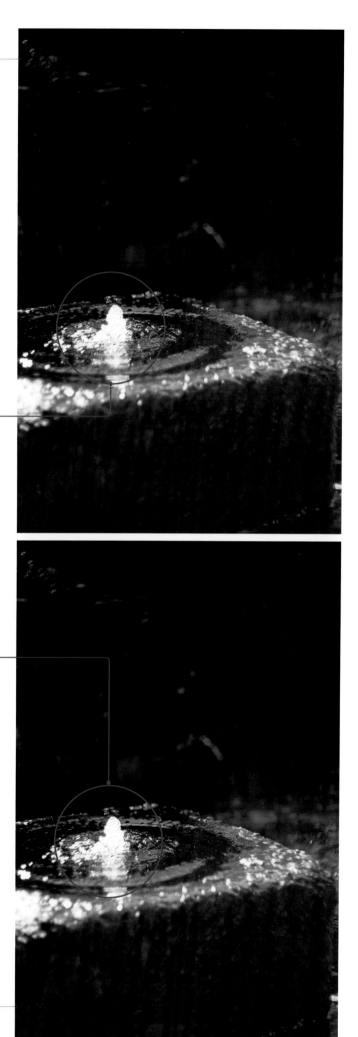

Before

After

需要修正琥珀色偏色吗？

Point!

镜头变色导致琥珀色偏色
使用白平衡修正
强调怀旧感时无需修正

老镜头历经多年岁月，有时镜片会发黄。用这样的镜头拍摄时，画面经常会泛偏琥珀色色泽。特别是含有钍成份的镜片，因会变黄色而闻名，甚至严重到即使设置白平衡为自动，镜片的变色问题也不容无视的地步。即使不是含钍镜片，老旧镜片多多少少都容易发生色彩偏差。如何应对此类色彩偏差现象呢？

调整操作本身很简单，在白平衡的"色温"中增加蓝色即可。这样可以抵消多余的琥珀色，使色彩达到中性平衡。但是，也并非所有的琥珀色偏色画面都适合修正中和颜色，程度刚刚好的琥珀色，画面洋溢着温馨

中和调整后，颜色更清新

使用柯达Cine Ektar 63mm以F2拍摄的照片。镜片泛黄情况严重，照片也明显偏琥珀色。使用"色温"修正为中性色，恢复原本的清新色调。

感，拍摄怀旧感画面时非常方便好用。特别是光斑与琥珀色调搭配，氛围柔和非常迷人，非老镜头不可得。将这样美的画面修正为中性色未免过于可惜。

　　偏琥珀色确实是老镜头特有的消极性表现手法，但对某些照片来讲，也可以说是难得的天然滤镜。

使用白平衡功能调整至冷色调

老镜头照片多偏琥珀色，也有人称为"偏树脂质感"。修正此现象时，将"色温"朝蓝色一方移动，抵消偏色即可。

最好保留冬日的琥珀色

使用康泰时Sonnar 50mm以F2拍摄的照片。偏琥珀色且有光斑，照片非常好地传达了日光和煦的温暖。调整后失去了原有味道，所以此张照片建议保留偏色。

减轻光斑

使用"去朦胧"减轻光斑
反过来也可增强光斑
降低饱和度有老镜头风格

与现行镜头相比，老镜头在逆光条件下拍摄容易产生光斑。产生光斑时阴影部分显得浮燥，照片整体松散。现行镜头通过防止内反射和提高涂层技术，在逆光条件下也可起到减轻光斑效果。而老镜头，甚至在半逆光条件下都会产生光斑。不过近来，现行镜头中出现一种难得的青睐老镜头光斑的表现，即将光斑当作一种拍摄效果。

但将光斑说成是非修正对象也不完全正确。光斑分漂亮与不漂亮两种。理想的漂亮的光斑应是有层次地淡

淡地照射在画面中，有些光斑毫不留情地霸占整幅画面，使照片难称之为照片。

Lightroom有"去朦胧"功能，可用于减轻光斑。将滑块向右移动，阴影收紧，画面展现张力，同时显色增强，因此想编辑出老镜头风格时，可下调饱和度。

使用去朦胧进行调整

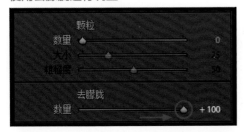

"去朦胧"如文字所述，是一项去除朦胧感的功能，也可应用于减轻光斑。将滑块向右移动，光斑减轻阴影收紧。操作窍门是将照片清晰度+20左右隐藏光斑。

调整饱和度

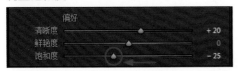

将"去朦胧"向正向调整，饱和度增高。希望保留老镜头风格时，向负向调整"饱和度"。

控制光斑

将"去朦胧"设置为+80。光斑未完全消失，仍保留有一部分。此时饱和度略强，所以选择下调饱和度，编辑出老镜头的氛围效果。

确认"去朦胧"
的效果

此处将光斑视为雾，确认"去朦胧"的作用效果。正向调整阴影部收紧，光斑减轻，负向调整光斑增强。此功能不仅可抑制去除光斑，还可增加光斑。简单说其作用就是增强或降低阴影部。正向调整时饱和度会随之增加，感觉过度时可下调饱和度，使之达到平衡。

去朦胧 -40

去朦胧 ± 0

去朦胧 $+50$

美丽的泡泡焦外

Point!

提高对比度
通过清晰度强调虚化部分的轮廓
编辑制作色彩

最近，在老镜头领域内经常听到泡泡焦外一词。正圆形的大号泡泡的焦外散景称之为泡泡焦外，可以拍摄出此种效果的镜片，无论在国内国外，都非常受欢迎。掀起这股风潮的是梅耶的Trioplan 100mm F2.8，三片三组的简约中长焦镜头。除此之外，凡是三片式镜片都容易拍出泡泡焦外。

那么，是否所有的泡泡焦外都漂亮呢？也未必如此。三片式镜头相对拍摄表现良好，但毕竟是老物件，对比度较弱。若希望泡泡焦外的效果更引人注目，需另

加相应的操作。在图片处理中的常用方法是提高对比度，再提高清晰度以增强画面对比度，泡泡焦外的轮廓便会清晰浮现。泡泡焦外本身就是拍摄对象，谨记要将其调整至展现出自己的魅力为止。

加强色调效果才更好。老镜头本身色调较浅，使用整体"饱和度"和HSL调整成自己喜欢的色彩。建议给泡泡焦外的着色要浅。

1 提高对比度是根本

泡泡焦外一般位于高光区域内，可通过提高对比度强调其效果。除提亮高光外，收紧阴影也非常重要。

2 增加清晰度

强调轮廓对泡泡焦外非常有效。一般使用清晰度时应谨慎，此图中提高超过+50也无碍。强调轮廓可使泡泡焦外更醒目。

蒙版

3 使用局部调整突出效果

清晰度提高画面整体的对比度。介意对比度整体加强时，可使用调整画笔在泡泡焦外部分生成蒙版，仅调亮该部分的对比度。

4 使用HSL编辑制作色彩

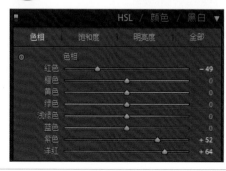

老镜头拍摄的照片的色泽基本都比较淡。使用HSL编辑制作色彩，使泡泡焦外更具梦幻感。给泡泡焦外增加色泽加强显色。

使泡泡焦外更梦幻

加强对比度与清晰度，加深背景阴影，突出泡泡焦外散景。谨记要将泡泡焦外编辑至比焦点位置的被拍摄对象更醒目。

After

Before

MF变焦需要修正扭曲！

Lightroom有修正扭曲像差的功能。通过"镜头校正"的"变换"可调整修正枕形畸变和桶形畸变。多数老镜头都是光学性能强的单焦点镜头，所以可以修正的扭曲场景有限。存在一些扭曲也可以说是老镜头的特有表现，所以也不必对该现象过于敏感。

不过，老镜头中也有需要修正扭曲的情况，即MF变焦镜头。MF变焦镜头的设计较老，与单焦点老镜头相比，扭曲像差现象明显。下面的照片使用世界首个变焦镜头Zoomer 36-82mmF2.8拍摄，无论是最近焦距处还是最远焦距处都发生了严重的扭曲像差。在全画幅相机上使用该镜头，它的像差问题确实不容忽视。

修正扭曲时点击"镜头校正"的"手动"，使用"扭曲度"滑块进行。将注意点放在扭曲的直线部分，修正至笔直。都市风景照这类直线较多的照片需要认真修正扭曲像差。

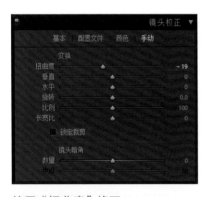

使用"扭曲度"修正

Lightroom可自动修正带有配置文件的镜片扭曲像差现象。老镜头因为没有镜片特性简介，手动来调整吧。

修正MF变焦镜头的歪曲

使用Zoomer 36-82mmF2.8拍摄的照片。调整前照片上有明显的枕形畸变。可通过移动滑块修正为自然的直线。

7

打 印 与 色 彩 管 理

完成RAW显像处理后进入打印阶段。该阶段经常出现的问题是显示器显示效果与打印效果不一致。为什么不一致？怎样才能一致？简单来说，结合使用显示器校准与色彩管理器打印两项，可以使色彩大致相同。本章会针对显示器和打印机的色彩管理及相关基础知识进行说明。

色彩管理的必要性

Point!

环境光线影响色彩视觉
配合环境光线校准显示器
利用印刷色彩管理打印真实效果

对编辑效果要求高而选择使用RAW显像的人，自然希望显示器显示色彩效果与打印后的色彩效果一致。能直接打印出经RAW显像处理后图片在显示器上显示的原色彩，这是最理想的状态。

然而，如果不做一定工作，绝对达不到"所见即所得"的打印效果。无论多高品质的显示器与打印机，只要不更改原有设置，就无法打印出与显示器显示色彩效果相同的图片。这是为什么呢？

第一，显示器上所显示的色彩会随环境光线变化而变化。所谓环境光线即当时现场的光线。例如，有电脑显示屏的房间里，屋内照明是荧光灯，同时也有从窗户透进的自然光。此时，环境光线为荧光灯与自然光的混合体。显示器的设置一般为标准设置，但该设置未必与你所处的工作场所的环境光线相匹配。要在显示器上显

照片与环境光线的关系

自家工作室

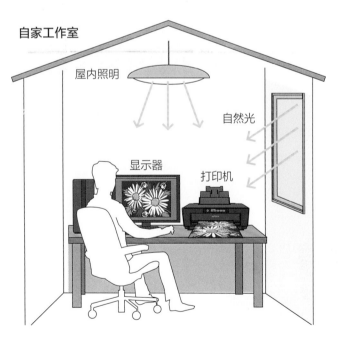

显示器校准应根据显示器所放置场所的环境光线进行调整。配合印刷色彩管理，可以达到"所见即所得"的打印效果。但，参加摄影展时，展览会场的环境光线又会成为新问题。即使在工作室内将照片调至完美，但因两者的环境光线不同，展览会场内照片的色彩视觉效果也会不同。比如，工作室里是荧光灯

摄影展会场

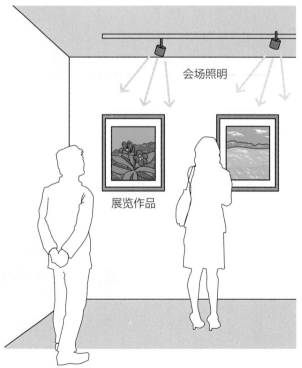

而展览会场是白炽灯，同一张打印照片的色彩看上去自然也会不同，环境光线对色彩的影响巨大。综上所述可知，很难做到严格意义上的色彩一致。将显示器与打印的色彩一致度标准定为70～80%左右，足矣。

示出准确的色彩，调整时必须配合环境光线进行。此调整被称为显示器校准，一般通过校准传感器操作，它是校准色彩时的必要操作。

第二，显示器与打印机所处理的色域不同。色彩成像仪器各自拥有独自的色域。例如，指定"紫"色时，显示器解释为"偏蓝的红"，而打印机解释为"偏红的蓝"。两者是同色？还是有细微不同？仅凭这个不好下判断。要在色域不同的色彩成像仪器之间交换色彩信息，需要进行色彩信息翻译，即色彩转换。通常由打印机驱动进行色彩转换，但打印机驱动进行色彩转换时，为得到更好的打印效果会对色彩进行调整。希望显示器上显示的色彩效果与打印出的色彩效果一致时，需进行

不改动色彩的色彩管理器打印操作。这样，画面的色彩信息可被直接打印。

这些知识对初学者来讲略有难度，在此希望大家能先记下两个关键词，即显示器校准与印刷色彩管理。

校准显示器后，显示器在所放置场所的环境光线下可以正确显色。在正确显色的环境下实施色彩管理器打印，打印所得色彩可以基本等同于显示器显示色彩。

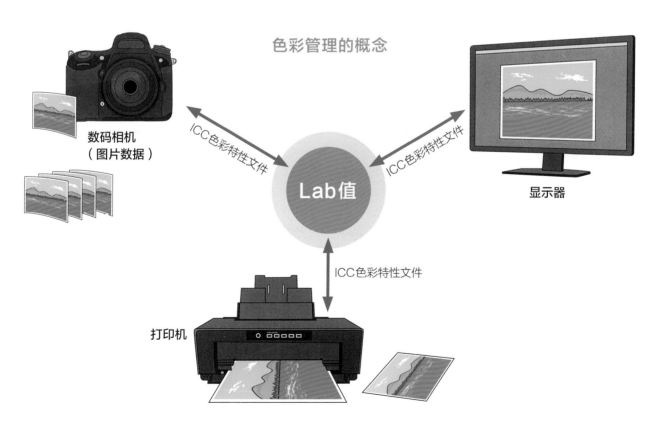

色彩管理的概念

数码相机
（图片数据）

ICC色彩特性文件

Lab值

ICC色彩特性文件

显示器

ICC色彩特性文件

打印机

各个色彩成像仪器拥有各自独特的色域，就像是每种机器使用不同的语言一样。在这种情况下，各色彩成像仪器之间很难互相交换色彩信息，因此需要一种共通语言，这就是Lab值。Lab值通过L、a、b三个值显示色彩，它相当于色彩绝对值。各色彩成像仪器的色域转换成Lab值后的数据文件叫ICC色彩

特性文件，把它想像为色彩辞典更好理解。拥有ICC色彩特性文件即可将自身色域翻译为Lab值，再将Lab值传至对方机器上，如此一来便可交换正确的色彩信息。ICC色彩特性文件是印刷色彩管理时的必备信息。

调整显示器

Point!

校准显示器
自行设置白点、伽玛、亮度
理解环境光线

显示器的调整需要用校准传感器进行，此项操作也叫做显示器校准。除了有单独发售的校准传感器外，最近与显示器打包出售的产品也越来越多。

实际调整操作需要通过显示器和校准传感器附带的校准软件完成。不过，操作不能完全由软件完成，需手动输入校准目标值，随后将校准传感器放于显示器表面进行计算与调整。调整作业可由软件自动完成，但目标值需校准者决定并输入，这是显示器校准中较难的一点。

校准必备物

EIZO
ColorEdge CX271-CNX3
市场价：9494元（不含税）

可进行硬件校准的27型液晶显示器。附有色彩管理软件"Color Navigator 6"与校准传感器，也可搭配使用其他品牌的校准传感器。

x-rite
ColorMunki Photo
市场价：3106元（不含税）

该校准传感器可进行显示器校准与打印机校准。同等价位产品中，此款具备打印机校准功能，相当划算，具有摄影爱好者必需的色彩管理功能。

有3个目标值，白点、伽玛和亮度。白点设置环境光的色温。若环境光与显示器两者的色温相同，即可显示正确颜色。一般家庭中使用的自然光型荧光灯为5000K（温标）。使用光源为自然光型荧光灯时，将白点值指定为5000K。窗外有自然光射入时，适当加大点值，设置在5000~5500K之间。

伽玛值设置为"2.2"。不分Windows或Mac系统，用作照片用途时均设置为"2.2"。

亮度是指显示器的亮度。设置标准为80~120cd/㎡

（坎德拉）。若打印出的照片效果比显示器显示色彩暗时，可调小亮度值。通常会出现显示器过亮的情况，所以可将值调低至80cd/㎡左右。

校准完成后，通过后续的印刷色彩管理导出的图片效果与显示器的显示画面进行对比，色彩大体一致说明校准成功。色调有异时修改中性点，打印图片效果略暗时降低亮度，重新校准显示器。

在软件中输入目标值

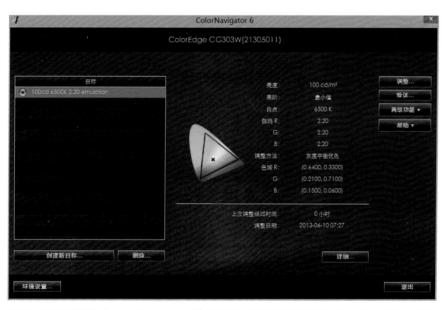

EIZO显示器附带的"ColorNavigator 6"主界面。在软件中可设置白点、伽玛、亮度，进行校准调整。

荧光灯色温值一览

种类	色温值	备注
日光白	约6500K	办公室等
自然白	约5000K	起居室等
黄光白炽灯	约3000K	不可用于照片编辑
色评专用荧光灯	5000K	

编辑照片的同时脑子里还要有印刷色彩管理的概念，最理想的屋内照明为5000K的色评专用荧光灯。不过，将它引入一般家庭有一定难度，使用色温接近自然白光的荧光灯即可。黄光的白炽灯过度偏向琥珀色，尽量不要使用。

如何原样打印出所见颜色

Point!

掌握印刷色彩管理
取消打印机的驱动调整
使用ICC色彩特性文件

印刷色彩管理是一种不改变图像信息，直接印刷的方法。若已完成显示器校准，显示器上显示的照片就会与经过印刷色彩管理打印出的照片的视觉效果基本相同。印刷色彩管理是想要获得"所见即所得"的打印效果时，必须具备的操作。

如前所述，色彩成像仪器各自拥有不同色域，通过色彩转换处理交换色彩信息。一般的打印操作中，由打印机驱动负责色彩转换。此种处理被称为驱动调整，负责将画面调整至更好效果。因此，显示器显示的色彩与打印出的色彩会产生微妙不同。

驱动调整与
ICC色彩特性文件的作用

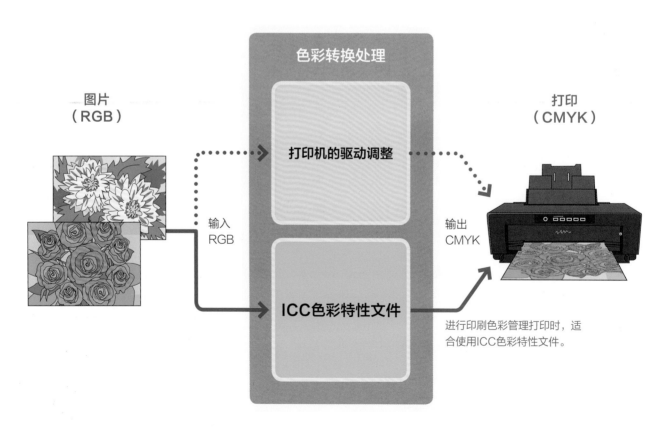

图片本身通过RGB管理色彩，打印机通过CMYK管理色彩。从色彩生成来看，两者有区别，因此有必要进行色彩转换。通常情况下使用打印机驱动进行色彩转换，采用印刷色彩管理时使用ICC色彩特性文件进行转换，即色彩转换操作执行者从打印机驱动变更为ICC色彩特性文件。

印刷色彩管理不使用驱动调整，取而代之使用ICC色彩特性文件进行打印。打印用ICC色彩特性文件将特定打印机与打印用纸组合模式的色域值记录为Lab值，打印时为所用打印机和打印用纸分配恰当的ICC色彩特性文件。

取消驱动调整，为打印机和打印用纸分配合适的ICC色彩特性文件，这就是印刷色彩管理的工作流程。

如何才能得到如此重要的ICC色彩特性文件呢？首先，打印机厂家自品牌打印用纸的ICC色彩特性文件，在安装打印驱动时会自动安装。其次，也可通过从打印机厂家的官方网站上下载获得。另外，第三方出品的打印用纸的ICC色彩特性文件，可从厂家官方网站上下载。有部分厂家不提供ICC色彩特性文件，此时可通过打印机校准操作，自己手动生成ICC色彩特性文件。x-rite的"ColorMunki Photo"具有打印机校准功能。

印刷色彩管理操作流程

印刷色彩管理的色彩转换操作者由打印机驱动变更为ICC色彩特性文件，这一点很关键。在打印机驱动上取消驱动调整，在

Lightroom上使用ICC色彩特性文件。另外，还需注意选择管理方式。具体操作顺序将从下一页开始说明。

第三方打印用纸的ICC色彩特性文件提供情况

过去，在第三方打印用纸上进行印刷色彩管理的打印时，需要通过打印机校准自己手动生成ICC色彩特性文件。现在，主要厂家均提供ICC色彩特性文件，可下载使用。

厂家	是否提供	URL
ILFORD	○	http://www.ilford.co.jp/
HAHNEMU	○	http://www.hahnemuhle-jetgraph.jp/
INTELLI COAT (Magiclee Silver Rag)	× (※)	
CANSON	○	http://www.canson-infinity.com/jp
PICTORICO	○	http://www.pictorico.co.jp/
PCM竹尾	× (※)	http://www.pcmtakeo.com/
PICTRAN	× (※)	http://www.pictran.com/
三菱制纸（月光）	○	http://www.pictorico.co.jp/

（※）佳能专用可从佳能官方网站（http://cweb.canon.jp/pixus/supply/other-art）下载。

印刷色彩管理 佳能篇

Point!

取消驱动调整
使用ICC色彩特性文件
选择管理方式

以佳能打印机"PIXUS PRO-1"为例,来看印刷色彩管理的操作流程。有3个要点,取消驱动调整,ICC色彩特性文件和选择管理方式。

首先,打开打印机驱动,取消驱动调整。佳能打印机中设置"色彩调整"为"无"即可取消驱动调整。ICC色彩特性文件需在Lightroom中打开使用。打开"色彩特性文件"菜单,选择适用于所用打印机与打印

用纸的ICC色彩特性文件。从ICC色彩特性文件名中找出打印用纸名的过程略微费事,可在佳能公司主页上查找名称与纸张类型的对应情况。

管理方式负责在色彩转换时如何置换色彩的工作。"可感知"可完整保留渐变效果,"相对"尽可能忠实地置换。日本的印刷业界多选用"可感知",个人用户可根据照片内容和编辑效果选择使用。

---

1 点击"页面设置"

选择需打印图片,打开打印模块并点击"页面设置"。

2 选择打印机

出现"打印设置"界面。确认界面中有打印用打印机后,点击"属性"。

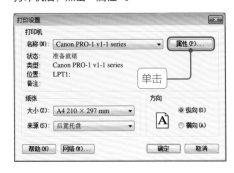

3

选择"手动调整"

设置打印所用纸张的类型与大小。选择"手动调整",点击"设置"。

4 设置色彩调整为"无"

打开"管理"栏,设置"色彩调整"为"无",驱动调整失效。

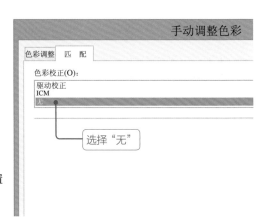

手动调整色彩

5 选择ICC色彩特性文件

返回Lightroom的打印模块界面，点击"配置文件"打开菜单。在此选择与打印用打印机和纸张相匹配的ICC色彩特性文件。

6 无所需项时追加

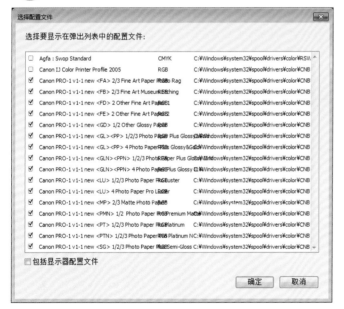

无所需ICC色彩特性文件时，可在之前出现的菜单中点击"其他"。出现"选择色彩特性文件"界面，追加所需ICC色彩特性文件。

7 选择管理方式

选择管理方式。照片中渐变效果较多时选择"可感知"，重视色彩重现度时选择"相对"。

8 点击"打印"

点击"打印"开始打印。打印完成后，使其干燥一小时以上，而后放置在显示器旁再次确认色彩。

佳能
PIXUS PRO-1
市场价: 5249元（不含税）

针对专业人士和高水平业余人士的A3幅面打印机。采用12色墨盒，实现对细腻色彩的控制。功能无可挑剔，是作品创作的好搭档。

印刷色彩管理｜爱普生篇

Point!

取消驱动调整
使用ICC色彩特性文件
选择管理方式

以爱普生打印机"SC-PX7VII"为例，来看印刷色彩管理的操作流程。要点与先前佳能篇中的说明相同，取消驱动调整，使用ICC色彩特性文件和选择管理方式。

首先，在打印机驱动上设置取消驱动调整。爱普生打印机中，将打印机驱动上的"色彩调整"设置为"关闭（无色彩调整）"，即可使驱动调整失效。

在Lightroom中配置ICC色彩特性文件。打开"配

置文件"菜单，选择适用于所用打印机与打印用纸的ICC色彩特性文件。此时需从色彩特性文件名中找出与同品牌打印用纸的对应文件，可在爱普生公司主页上查找对应表以便参考。

在管理方式中选择色彩转换时置换色彩的方式。"可感知"可高度再现渐变，"相对"重视色彩重现的忠实度。根据照片内容和编辑效果选择使用。

---

① 点击"页面设置"

选择需打印图片，打开打印模块并点击界面左下的"页面设置"。

② 选择打印机

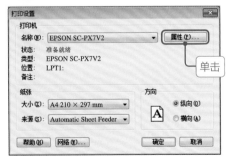

出现"打印设置"界面。确认界面中有所用打印机后，点击"属性"。

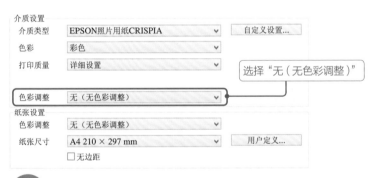

选择"无（无色彩调整）"

③ 关闭"色彩调整"

出现打印机驱动界面，设置打印用纸的类型与大小。之后设置"色彩调整"为"关闭（无色彩调整）"，取消驱动调整。

④ 点击配置文件

接下来选择ICC色彩特性文件。此操作在Lightroom上进行。点击打印模块的"配置文件"。

5

选择ICC色彩
特性文件

选择

出现ICC色彩特性文件菜单。选择与打印用打印
机和纸张相匹配的ICC色彩特性文件。

7 选择管理方式

选择

选择管理方式为"可感知"或
"相对"。重视渐变效果时选择
"可感知",重视还原色彩的忠
实程度时选择"相对"。

6 无所需项时追加

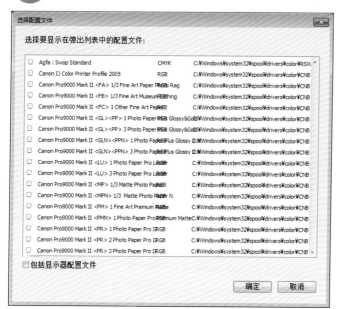

找不到所需ICC色彩特性文件时,可在之前出现的界面中点击"其他"。
出现"选择色彩特性文件"界面,追加所需文件。

8 点击"打印"

单击

点击"打印"开始打印。至少使
其干燥一小时以上,再与校准后
的显示器进行对比。此时两者色
彩应大体一致。

爱普生
SC-PX7VII

市场价:3498元(不含税)

针对普通摄影爱好者的8色墨盒A3幅面
打印机。内有蓝色墨盒,自然风景类照
片的打印效果清新自然,值得期待。

律师声明

北京市中友律师事务所李苗苗律师代表中国青年出版社郑重声明：本书由著作权人授权中国青年出版社独家出版发行。未经版权所有人和中国青年出版社书面许可，任何组织机构、个人不得以任何形式擅自复制、改编或传播本书全部或部分内容。凡有侵权行为，必须承担法律责任。中国青年出版社将配合版权执法机关大力打击盗印、盗版等任何形式的侵权行为。敬请广大读者协助举报，对经查实的侵权案件给予举报人重奖。

侵权举报电话

全国"扫黄打非"工作小组办公室　　　中国青年出版社

010-65233456　65212870　　　　010-50856028

http://www.shdf.gov.cn　　　　　E-mail: editor@cypmedia.com

版权登记号：01-2017-4396

图书在版编目（CIP）数据

RAW格式照片处理：塑造完美作品：快速提升Lightroom CC/6图片编辑能力！/

（日）泽村彻著；王娜，祁芬芬译. — 北京：中国青年出版社，2018.3

ISBN 978-7-5153-5011-0

I.①R… II.①泽… ②王… ③祁… III.①图象处理软件 IV.①TP391.413

中国版本图书馆CIP数据核字（2017）第298192号

RAW 格式照片处理：塑造完美作品——快速提升 Lightroom CC/6 图片编辑能力！

[日] 泽村 彻　著

王娜　祁芬芬　译

出版发行：中国青年出版社

地　　址：北京市东四十二条21号

邮政编码：100708

电　　话：(010) 50856188 / 50856199

传　　真：(010) 50856111

企　　划：北京中青雄狮数码传媒科技有限公司

策划编辑：张　鹏

责任编辑：张　军

封面设计：张旭兴

印　　刷：湖南天闻新华印务有限公司

开　　本：889 x 1194　1/16

印　　张：9

版　　次：2018年6月北京第1版

印　　次：2018年6月第1次印刷

书　　号：ISBN 978-7-5153-5011-0

定　　价：79.90 元

本书如有印装质量等问题，请与本社联系

电话：(010) 50856188 / 50856199

读者来信：reader@cypmedia.com

投稿邮箱：author@cypmedia.com

如有其他问题请访问我们的网站：http://www.cypmedia.com